陕西省自然科学基金一般项目（2021JM-372）
陕西省社科界重大理论与现实问题研究联合项目（2022HZ1347）
陕西省社科界重大理论与现实问题研究联合项目（2022HZ1493）
资助出版

历史城区的保护与复兴：以韩城为例

王 伟 著

西安交通大学出版社
XI'AN JIAOTONG UNIVERSITY PRESS
国家一级出版社
全国百佳图书出版单位

图书在版编目(CIP)数据

历史城区的保护与复兴：以韩城为例 / 王伟著.
—西安：西安交通大学出版社，2022.7
ISBN 978-7-5693-2590-4

Ⅰ.①历… Ⅱ.①王… Ⅲ.①旧城保护-研究-韩城
Ⅳ.①TU984.241.4

中国版本图书馆 CIP 数据核字(2022)第 075926 号

书　　名	历史城区的保护与复兴：以韩城为例	
	LISHI CHENGQU DE BAOHU YU FUXING:YI HANCHENG WEI LI	
著　　者	王　伟	
责任编辑	赵怀瀛	
责任校对	王建洪	
装帧设计	伍　胜	

出版发行	西安交通大学出版社	
	(西安市兴庆南路 1 号　邮政编码 710048)	
网　　址	http://www.xjtupress.com	
电　　话	(029)82668357　82667874(市场营销中心)	
	(029)82668315(总编办)	
传　　真	(029)82668280	
印　　刷	西安日报社印务中心	

开　　本	720mm×1000mm　1/16　印张 13.875　字数 213 千字
版次印次	2022 年 7 月第 1 版　2022 年 7 月第 1 次印刷
书　　号	ISBN 978-7-5693-2590-4
定　　价	55.00 元

如发现印装质量问题,请与本社市场营销中心联系。
订购热线：(029)82665248　(029)82667874
投稿热线：(029)82668133
读者信箱：xj_rwjg@126.com

序 言
Preface

　　本书通过对韩城的传统建筑以及民俗风情、文化遗产的介绍,反映这座古城丰富的历史文化内涵,在此基础上重点分析韩城古城保护与复兴的思路,从"点—区—面"三个层次分析传统建筑与非物质文化遗产的支撑关系,以此来展现韩城的古城风范。

　　本书以韩城古城传统建筑和蕴藏在古城的非物质文化遗产为研究对象,重点考察了韩城古城聚居区现存的实例,深入调查研究,并以韩城的历史文化、自然环境、传统建筑的特点为线索,对古城丰富多彩的传统公共建筑、居住建筑艺术以及非物质文化遗产展开分析与研究。研究总体上按照由部分到整体的思路。本书前半部分主要通过非物质文化遗产与传统建筑空间的双重维度,选取了典型的历史文化古城——韩城作为调研对象,分析研究古城传统建筑的发展现状与特点,阐述非物质文化遗产的发展现状及其特征。传统建筑环境中蕴藏着丰富的非物质文化遗产,给非物质文化遗产提供了赖以生存的物质空间环境,是非物质文化遗产生存和发展的最好场所。这些非物质文化遗产也是这种历史街区的灵魂,其存在和发展使这些传统建筑更具有活力和生机。传统建筑环境和非物质文化遗产之间的关系犹如鱼与水,它们共同存在,融合促进。在整体分析其发展优劣势的基础上,综合实地调研、专题访谈以及问卷分析等内容,提出了对传统建筑环境和非物质文化遗产保护的方法、可持续发展的策略、整体发展目标的总体架构。本书后半部分围绕"历史城区的保护与复兴"这一核心议题,对传统建筑环境和非物质文化遗产的保护和可持续发展进行多维度分析。

历史城区的保护与复兴是一个永久研究议题,这点是毋庸置疑的,同时,历史城区的保护与复兴的理论与实践也将成为文旅融合背景下的焦点。感谢诸君对此书的支持与喜爱,也期待在历史城区的保护与复兴的研究领域中出现越来越多的学者,共同探讨中国历史城区非物质文化遗产的保护与发展。

笔　者

2022 年于长安

目 录
Contents

绪　论

■0.1　研究的目的和意义

在历史发展的长河中,中华民族留下了底蕴丰厚、多姿多彩的传统建筑和非物质文化遗产,它们蕴含着中华民族特有的精神价值。从目前实际情况来看,有些地方出现了一些偏激的做法,使一些具有独特价值的传统建筑和非物质文化遗产资源遭到了一定程度的破坏。在推进城镇建设的过程中,必须全面、正确地理解保护这些文化遗产的意义。

本书以韩城古城的传统建筑和蕴藏在这些传统建筑环境中的非物质文化遗产为例,系统地分析了古城的传统建筑,对其建筑布局、建筑特点、建筑环境进行了研究,并对与这些建筑相关联的非物质文化遗产进行了调研,深入了解这些非物资文化遗产的特征,从而为在保护这些传统文化的过程中坚持全面、协调、可持续发展战略,且对非物质文化遗产的开发、利用和保护提供理论依据和实例参考。

1.珍贵的学术研究价值

在漫长的历史发展进程中,人类在创造自己丰富多彩的物质文明的同时,也创造了璀璨夺目的精神文明。由于自然环境、社会发展、经济发展等各种因素的影响,人类在历史的长河中形成了具有各个地域特征的传统建筑和非物质文化遗产,承载着各地区的思想观念、审美情趣、宗教信仰和生活习俗,呈现出万千的姿态、迥异的风格,为后人们留下了宝贵的财富。这些文化遗产的科学价值、历史价值、文化价值和艺术价值,正日益为世人所认识和关注。

2.特色遗失的时代背景

现代文明是一把"双刃剑"。它在带给人类诸多便利的同时，也使得全球的文明趋于雷同，失去了往日辉煌的民族性和地域性的特色文化。在这样的时代背景下，特色的传统建筑和非物质文化遗产也受到一定程度的破坏。

3.地方民族特色的传统文化

韩城位于陕西关中东北部，和山西毗邻，处在黄河的"几"字弯处，是一座历史文化名城，在历史上"鲤鱼跳龙门""大禹治水"等典故正源于此。其特别的地理位置和自然环境形成了具有特色的地域建筑文化和非物质文化遗产。韩城以其古老悠久、丰富多彩、寓意深刻的地域文化，创造出有"小北京"之说的四合院、各种庙宇和祠堂等传统建筑文化和气质独特的非物质文化遗产。

4.结合个人的实际情况

笔者来自韩城这样一个颇具文化内涵的小城，在多年的学习及工作中，对家乡特色的传统建筑文化、非物质文化遗产、城区的更新与发展有过相关的思考。

综上所述，选择韩城传统建筑以及非物质文化遗产作为学习和研究的课题内容。

0.2　国内外研究现状

0.2.1　国内研究现状

党和政府高度重视非物质文化遗产保护工作，特别是党的十八大以来，我国非物质文化遗产保护工作取得了显著成绩。我国于 2004 年 8 月加入联合国教科文组织《保护非物质文化遗产公约》。2005 年 3 月，国务院办公厅颁布了《国务院办公厅关于加强我国非物质文化遗产保护工作的意见》，同年 12 月，国务院下发了《国务院关于加强文化遗产保护的通知》，非物质文化遗产保护工作被列入了国家行政工作范围。2011 年 2 月 25 日，第十一届全国人大常委会第十九次会议表决通过了《中华人民共和国非物质文化遗产法》，明确规定保护非物质文化遗产，应当注重其真实性、整体性和传承性。2015 年，党的十八届五中全会提出构建中华优秀传统文化传承体系，加强文化遗产保护,振兴传统工艺,实施中华文化典籍整理工程。2021 年中共中央办公厅、国务院办公厅印发《关于进一步加强非物质文化遗产保护工作的意见》,提出进一步加强非物质文化遗产保护工作,完善调查记录体系、代表性项目制度、代表性传承人制度等措施来健全非物质文化遗产保护传承体系;提高非物质文化遗产保护传承水平;加大非物质文化遗产传播普及力度;加强组织领导、完善政策法规、加强财税金融支持、强化机构队伍建设。国务院先后于 2006 年、2008 年、2011 年、2014 年和 2021 年公布了五批国家级项目名录(前三批名录名称为"国家级非物质文化遗产名录",《中华人民共和国非物质文化遗产法》实施后,第四批名录名称改为"国家级非物质文化遗产代表性项目名录"),共计 1557 个国家级非物质文化遗产代表性项目,按照申报地区或单位进行逐一统计,共计 3610 个子项(见图 0.1)。

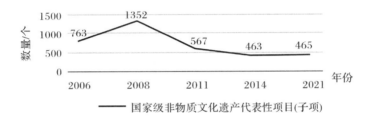

图 0.1　国家级非物质文化遗产代表性项目名录数量

这些内容都主要是针对非物质文化遗产的研究,但是对非物质文化遗产和传统建筑环境关系的研究尚不多见。目前国内的相关研究主要有以下内容。

1.非物质文化遗产与旅游产业耦合机理与实证研究(中国矿业大学:仇琛,2021)

文章将"非物质文化遗产"和"旅游产业"作为联动研究对象,借助物理学中的耦合概念,依据提出问题→理论研究→实证研究的技术路线,从全新的"耦合视角"探讨非物质文化遗产与旅游产业的深度关联与有效协同,基于复杂系统理论、协调发展理论、文化资本理论、产业共生理论等基础理论,从非物质文化遗产和旅游产业发展的现状与问题角度对"非遗+旅游"的运行状态深入研究,创新性地构建非物质文化遗产综合发展和旅游产业综合发展评价指标体系,剖析两个系统的耦合机理,并在此基础上以淮海经济区为例进行实证分析。

2. 文旅融合背景下少数民族非物质文化遗产保护性旅游开发（北京第二外国语学院：杨耀源，2021）

文章提出了通过优化非物质文化遗产保护性旅游开发运作模式，制定系统化、精细化的宣传规划，构建完善的传播媒介和渠道以加强市场宣传，提升知名度。根据非物质文化遗产自身的特点和游客爱好的方式创新非物质文化遗产的呈现方式来提高传播效果，通过对解说员进行系统培训、优化自动解说系统、优化和丰富解说内容来提高认知度，通过深挖非物质文化遗产所体现的民族内涵、创新文化旅游产品来提高非物质文化遗产与旅游的融合度，提升旅游产品质量，并通过构建良性循环的方法，来实现少数民族非物质文化遗产的保护性旅游开发。

3. 非物质文化遗产历史街区的保护与再利用策略研究（八大山人纪念馆：占豫虹，南昌工学院：高珍宇，2020）

文章对非物质文化遗产和历史街区内涵进行阐述，结合我国当前历史街区保护和开发中存在的问题，提出非物质文化遗产历史街区保护和再利用策略。在现代化城市建设中，需要充分考量历史街区的历史价值和文化价值，理解环境对非物质文化发挥的重要作用，进而结合非物质文化特色进行再利用，这样才能提高城市品位，促进城市经济发展。

4. 非物质文化遗产的保护传承与研学旅行相结合的探索（湖南环境生物职业技术学院：廖丽华，2021）

文章以非物质文化遗产为核心探索对象，对非物质文化遗产保护传承和研学旅行相融合进行具体剖析，对非物质文化遗产的核心性及其与研学旅行的融合关系进行系统的探索，同时提出基于综合性质的非物质文化遗产与研学旅行融合的提升途径，表明非物质文化遗产不但能够丰富研学内容，还能缔造新的教学活动模式。

5. 湛江非物质文化遗产资源保护性旅游开发与管理研究（广东海洋大学：许晓敏，2018）

文章从政府视角出发，指出湛江非物质文化遗产保护性旅游开发必须遵循保护性、本真性、整体性、独特性等开发原则，同时提出了博物馆、节事活动、文艺演出、商品实物等旅游开发模式，认为湛江落实非物质文化遗产保护性旅游开发需发挥政府的主导作用，加强系统规划，完善保护机制。

6.非物质文化遗产保护视角下的历史街区复兴策略研究:以安康上河街龙舟文化园项目为例(西安建筑科技大学:张蕊,O. A. Studio 本来建筑工作室:杜乐,2018)

文章以历史街区的更新与非物质文化遗产的保护与传承为研究主题,在既有理论的指导下,结合陕西安康龙舟文化园改扩建项目的实践经验,探讨二者在当前时代环境下的共生性保护策略,并试探性地提出完整性保留、活态性保护、文化性重构、地域性体现、体验性植入的五点共生性保护策略。

7.依托历史街区开展非遗体验旅游的意义与可行性(福建师范大学:林航,2018)

文章针对当前我国历史街区忽视无形文化保护和非物质文化遗产资源生存传承濒危等问题,提出"依托历史文化街区的有形建筑开展非遗文化体验旅游"的构想。这种模式不仅具有助力历史街区的活力复兴、所在地非物质文化遗产的保护创新和旅游附加值的提升等多方面现实意义,还具有对接市场需求、实现街区与文化互补融合,以及顺应平台经济规律等多方面的可行性。

8.非物质文化遗产视野下的陇县老城区特色保护研究(西安建筑科技大学:王文瑞,2016)

文章从陕西省宝鸡市陇县老城区入手,以非物质文化遗产视野下的老城区特色保护为出发点,用当地的文化艺术和老城区的关系来讨论当地民俗文化与陇县老城区的发展关系,并且论述传统的地方文化在传统老城街区的表现展示和传承的方式,希望能够为我国在非遗保护方面提供一个相对有效的理论依据,从而使老城街区自身的文化特色和传统的非物质文化遗产都能够得到有效的保护和传承。

9.扬州非物质文化遗产旅游开发模式的构建(江苏旅游职业学院:孙建芳,2018)

文章提出了扬州非物质文化遗产在旅游发展中的一些问题,比如通过建设博物馆、打造集聚区开发利用非物资文化遗产,借助节庆活动、多媒体网络平台宣传展示非物质文化遗产,但在旅游开发中存在法规建设滞后、开发不均衡、缺乏人才等问题,并据此提出旅游开发模式:构建完善的非物质文化遗产相关法律体系,整合开发非物质文化遗产旅游资源,完善销售网络及后续服务,培养人才。

10.凤阳县非物质文化遗产旅游开发模式研究（滁州城市职业学院：邵明莉,2016）

文章在梳理凤阳县非物质文化遗产资源概况的基础上,分析了凤阳县非物质文化遗产项目保护和开发现状,并从建立非物质文化博物馆或主题展厅、开发非物质文化遗产旅游特色商品、结合旅游开发进行非物质文化遗产项目展示、举办非物质文化遗产节庆活动、设立非物质文化遗产展示特色街区五个方面提出了凤阳非物质文化遗产旅游开发的具体模式。

11.广西北部湾地区海洋非物质文化遗产旅游开发研究（桂林理工大学：高翔,2017）

文章在分析研究背景与相关研究现状的基础上,分析了广西非物质文化遗产资源的分布与特点、旅游开发现状及广西北部湾地区海洋非物质文化遗产旅游开发的驱动因素等基础问题,从不同视角分析了广西北部湾地区海洋非物质文化遗产的旅游开发模式,对各种模式的涵盖范围、实施路径进行了较为深入的探讨。从旅游开发前、旅游开发中、旅游开发后三个阶段分析了广西北部湾地区海洋非物质文化遗产旅游开发的保障机制,以确保各种开发模式的有效执行与落实。

12.全域旅游背景下的非物质文化遗产保护传承研究（泰州市海陵区文化馆：沈凌云,2021）

文章探讨了非物质文化遗产在全域旅游中的作用,重点研究如何实现文旅融合,分析非物质文化遗产在发展中进行保护与传承的高质量路径,从而实现经济和非遗文化的长远发展。

13.历史街区保护规划中历史文化建筑的摸查与保护初探：以广州市荔湾区文化遗产普查为例（黄世文,2016）

文章以广州市荔湾区文化遗产普查为例,通过总结摸清范围内的可移动文物、不可移动文物、历史建筑、传统风貌建筑和非物质文化遗产,分析历史文化建筑保护的意义与方法,分析了当前历史文化建筑保护的现状,并提出完善历史文化建筑保护体系的过程与相应策略。

14.历史街区更新与非物质文化遗产传承共生性策略思考：以龙舟竞渡文化遗产保护实践为例（西安建筑科技大学：张蕊,杨豪中,杜乐,2018）

文章探讨了在历史街区更新的过程中,如何以共生性为理念,通过合理有效的保护方式,将当地非物质文化遗产的传承环境植入其中,使二者在新的时代背景下获得共生共赢的生存环境,并结合陕南龙舟竞渡文化遗产保护实践进行论证。

15.非物质文化遗产保护及历史地段更新研究(扬州大学:陈星,西安建筑科技大学:杨豪中,2016)

文章通过在扬州历史地段上已经更新和正在更新的两个案例,分析这两个历史地段的衰退现象及其影响因素。在此基础上,重点研究在历史地段中非物质文化遗产的功能和作用机理,通过深入理解非物质文化遗产在地段中的发展规律,提出促进历史街区和非物质文化遗产共同发展的建议。

16.非物质文化遗产保护性旅游开发研究:以秀山花灯为例(重庆师范大学:杨锐,2009)

文章对国家第一批非物质文化遗产项目"秀山花灯"进行了深入调查,研究过程中依据文化遗产保护原则,结合人类学、民俗学、旅游开发等。通过民间走访、实地调查等形式对"秀山花灯"的产生、生存、发展的环境开展研究,提出了"花灯地理"的创新性概念;将旅游地理学和人文地理学等理论与花灯的地域性相结合开展研究,从而得到"秀山花灯"在中国的地域分布规律。通过对"秀山花灯"进行旅游开发的可行性的分析研究,利用当地的旅游产业,总结出对"秀山花灯"进行合理开发利用,不仅是对"秀山花灯"这个非物质文化遗产的保护和抢救,同时也是对当地旅游产业文化的一种丰富。

17.基于非物质文化遗产保护理念下的历史街区活力复兴研究(长安大学:李瑶,2009)

文章通过分析法、实证法、归纳总结法对西安的典型历史街区进行调查,分析非物质文化遗产在历史街区的主要作用:非物质文化遗产是历史街区活力的体现,也是一个城市文化内涵所在。文章指出在保护物质文化遗产的过程中,一定要尊重和传承优秀的非物质文化遗产,物质文化遗产和非物质文化遗产有着密不可分的关系,两种文化结合得好,才能体现一个历史街区的文化内涵和活力。在城市建设和规划中,要对物质文化遗产和非物质文化遗产进行统一规划,找到它们生存和发展的结合点,从而达到复活历史街区活力的目的。

18.哈尔滨市非物质文化遗产旅游开发研究（东北师范大学：陈多琦，2009）

文章阐述了非物质文化遗产和旅游的相互关系。非物质文化遗产作为一种优秀的文化资源，应该对其进行适当的开发利用，这对于弘扬民族文化和对非物质文化遗产的传承有着重要的意义。非物质文化遗产具有很高的旅游价值，已经有很多国家形成了旅游和非物质文化遗产相结合的产业链。这样不仅可以更好地展现非物质文化遗产的艺术价值、审美价值，还可以对非物质文化遗产进行更好的保护和传承；开发非物质文化遗产不仅可以塑造和加强一个地方的旅游形象，还可以促进旅游娱乐和旅游购物的发展。科学适度地开发非物质文化遗产的旅游价值是对非物质文化遗产保护的有效途径之一。文章总结出非物质文化遗产开发过程中应该注意的问题，提出了开发非物质文化遗产的几种模式，对非物质文化遗产的旅游开发做出了具体的设想。

19.都市非物质文化遗产旅游开发与保护：以上海为例（上海师范大学：别金花，2011）

文章对上海城市发展的现状进行分析。上海已经是国际化大都市，经济发展和现代化的程度很高，因此非物质文化遗产生存和发展的空间已经很小，不利于非物质文化遗产的传承和发展。针对这种情况，作者对上海旅游环境进行调查研究，提出在上海这样的大都市，应该结合当地的旅游产业，给非物质文化遗产一个生存和发展的活动空间。旅游产业和非物质文化遗产相结合才更能体现上海这个城市的传统文化的内涵，才能提高一个国际化大都市的品位。文章总结了适合非物质文化遗产结合旅游产业发展的模式，如节事旅游、商品开发、博物馆陈列，指出上海这样的大都市可以利用旅游产业结合非物质文化遗产的开发，实现旅游产业和非物质文化保护的双赢。

20.非物质文化遗产物质空间保护与更新研究（西安建筑科技大学：杨晓玫，2009）

文章借助凤翔六营泥塑手工艺的物质空间保护与更新设计中的实践经验，探讨在实际保护工作中所运用的原则和设计手法。最后，将自己的实践经验与前人研究成果相结合，提出对非物质文化遗产物质空间保护与更新的途径,希望能为今后同类的建筑设计提供一定的理论与实践的参考和依据。

21.陕西省关中地区新农村建设、非物质文化遗存及乡村传统建筑环境相结合的建设模式研究(西安建筑科技大学:徐娅,2010)

文章主要在新农村建设模式、非物质文化遗存承载空间设计、新农村人居环境含义、非物质文化遗存保护网络、非物质文化遗存和乡村传统建筑环境保护发展规律等方面取得了一定的创新成果,为关中地区新农村建设、新农村人居环境建设理论、保持文化传承的新农村建设等前沿课题的研究增添了新的内容,在有些方面填补了空白,具有一定的学术价值和应用价值。文章还对关中地区非物质文化遗存和乡村传统建筑环境等方面进行了较系统的整理和总结,为本课题以及相关课题的研究奠定了基础,具有理论与实践价值。

近几年来,国家对传统建筑文化和非物质文化遗产的保护非常重视。韩城的传统建筑和非物质文化遗产也不例外,例如韩城由于传统建筑的格局和传统民居的特点被赞誉为"小北京"。党家村的传统民居更是作为国家级旅游景点。在非物质文化遗产方面,韩城行鼓也受到很大的重视,被列入第二批国家级非物质文化遗产名录。韩城市目前已建立的重点文字和电子类非遗档案已达908项,包括国家级、省级、市级三个级别,涉及民间音乐、民间美术等15个大类别。其中,司马迁祭祀、韩城秧歌、韩城行鼓、花馍、抬神楼等已成为韩城文化形象的代表。

0.2.2　国外研究现状

有些国家在文化遗产保护方面开展工作相对较早,有的已经有上百年的历史。在非物质文化遗产保护的相关政策方面,Deacon Harriet 2004 年在 Intangible heritage in conservation management planning: The case of Robben Island(《非物质遗产的保护性管理规划:以罗本岛为例》)一文中提出了在非物质文化遗产的保护过程中应该制定相对应的管理制度,应该有强有力的法律法规对其进行保护,保护工作要统一规划。在非物质文化遗产保护的法律方面,Ryu 2016 年在 Adopting the registered intangible cultural heritage system as a means of preserving intangible cultural heritages(《以登记非物质文化遗产制度作为保护非物质文化遗产的手段》)

一文中表明世界许多国家都制订或修改了保护和促进非物质文化遗产的相关法律,并已加入《保护非物质文化遗产公约》。这意味着在扩大非物质文化遗产范围的同时,必须完善法律制度。文章作者提出三种办法:第一,必须通过承认持有人和持有组织来积极保护;第二,需要给予非物质文化遗产法律地位;第三,通过引入非物质文化遗产登记制度来加强保护非物质文化遗产的基础。目前国外的相关研究还有以下内容。

1. **Transforming communication channels to the co-creation and diffusion of intangible heritage in smart tourism destination：Creation and testing in Ceutí（Spain）（Gomez-Oliva，Alvarado-Uribe，Parra-Meroo，et al，2019）**

文章提出创建智能旅游目的地需要新的解决方案,涵盖可持续发展的主要支柱,如社会文化、环境和经济方面,以便将这些旅游目的地的文化遗产传播给游客。因此,文章的范围涵盖了在游客和兴趣点（POI）之间设计创新沟通渠道的目标。为了解决这些问题,文章为游客提出了一个名为 Be Memories 的创新且共同创建的渐进式 Web-App,以传播旅游目的地的非物质文化遗产,其中内容由目的地的居民共同创作。该工具已在西班牙具有高文化价值的村庄 Ceutí 进行了测试。

2. **Capturing the city's heritage on-the-go：Design requirements for mobile crowdsourced cultural heritage（Hannewijk，Vinella，Khan，et al，2020）**

文章从用户和以集体为中心的角度探讨了构思、设计和评估,旨在支持保护非物质体验的数字框架的建议途径。该框架旨在帮助捕捉所有具有文化历史意义的地方的非物质文化遗产的价值。文章提出了一组设计应用程序的建议,旨在将大众与非物质文化遗产融合在一起。

3. **The relevance of intangible cultural heritage and traditional languages for the tourism experience：The case of Ladin in South Tyrol（Lonardi，Unterpertinger，2022）**

文章表明文化游客对非物质文化遗产和少数民族周边地区的兴趣日益浓厚。文章重点关注少数民族社区,并仔细研究少数民族语言,考虑南蒂罗尔（意大利）的拉丁社区。它揭示了尽管文化不是前往南蒂罗尔旅行的主要动机,但游客会被南蒂罗尔的其他非物质文化遗产吸引,例如建筑、传统生活方式、活动、实践、礼服和语言。

4. **Use of cultural heritage for place branding in educational projects：The case of Smederevo and Golubac Fortresses on the Danube**（Radosavljevic，Uroš，and Irena Kuletin Culafic，2019）

文章表明中世纪的建筑是一个国家重要的文化遗产，也是宝贵的旅游资产，其旅游品牌战略可以在此基础上建立。文章旨在验证无形和有形文化遗产与其当代用于地方品牌和旅游业发展之间的相关性。在此过程中，文章采用了对塞尔维亚多瑙河上两座堡垒的案例研究方法，将其文化遗产资产用于旅游业和更广泛的可持续领土发展。研究最显著的结果是，虽然大量具有当地知识和地方精神意识的利益相关者参与了规划过程，但所分析的遗产案例的无形方面存在于教育项目中，并且只有在实施时才部分存在。

5. **Tourist clusters in a developing country in South America：The case of Manabì Province，Ecuador**（Cruz，Torres-Matovelle，Molina-Molina，et al，2019）

文章表明当今社会通过建立代表人们与自然环境共生的民族文化遗产来塑造其历史。作者调查分析了马纳比省（厄瓜多尔）围绕非物质文化遗产和自然遗产发展起来的旅游现象。在动机计划方面确定了三种类型的访客，结论表明，需要构思旅游产品，以改善目的地的形象，同时能够对目的地本身进行可持续管理。

6. **Contemporary cultural heritage and tourism：Development issues and emerging trends**（Timothy，2014）

文章表明文化遗产是世界上最重要、最普遍的旅游资源之一，遗产旅游是当今最突出的旅游形式之一。许多地方通过旅游促进其社会经济发展。遗产旅游的发展意义在研究文献中得到了很好的证实。文章描述了文化遗产在社会和经济发展中的作用，并探讨了遗产旅游领域对目的地发展具有重要影响的几个新兴趋势，其中包括遗产旅游市场、日常生活遗产化、真实性价值、遗产地品牌化、文化路线的传播、遗产与其他旅游形式的交叉等形式。

7. Management issues and the values of safeguarding the intangible cultural heritage for cultural tourism development：The case of Ashendye Festival，Lalibela，Ethiopia（Nega，2018）

文章表明 Ashendye 音乐节在埃塞俄比亚北部地区是著名的非物质文化遗产之一。研究的目的是调查保护 Ashendye 音乐节的价值以开展文化旅游开发，研究其管理问题，确保文化旅游发展。目标人群是宗教人士、旅游和文化专家、当地导游、旅游信息中心、纪念品商店和当地社区。研究表明，经济价值、环境价值、历史和文化价值、精神价值、教育和信息价值可为文化旅游发展保驾护航。这些调查结果表明所有负责机构应整合解决管理问题，重视节日的价值观，并为文化旅游发展提供资金支持。

8. Development of intangible cultural heritage as a sustainable tourism resource：The intangible cultural heritage practitioners' perspectives（Kim，Whitford，Arcodia，et al，2019）

文章表明正宗的非物质文化遗产在全球旅游业中独特的卖点。然而，非物质文化遗产的商品化过程已经威胁到其真实性，因此需要可持续的旅游方法来实现非物质文化遗产作为可持续旅游资源的传播和推广。文章以韩国为例，探讨了非遗从业者在将非物质文化遗产作为可持续旅游资源开发方面的优先事项。结果表明，从非物质文化遗产从业者的角度来看，真实性是一个综合了传承习俗、继承意义和从业者身份的整体概念。非物质文化遗产从业者同意真实非物质文化遗产的传播与非物质文化遗产作为旅游资源的推广之间存在潜在的积极共生关系。

9. Heritage discontinued：Tracing cultural ecologies within a context of urban transition（Sohie，Caroline，2016）

文章表明文化在可持续发展辩论中的代表性一直不足，并且经常被视为现代进步的限制因素。文章探讨了基于文化生态学概念的另一种文化概念如何更有意义和有益于对人类住区想象的理论重新评估，通过跨学科文献回顾坦桑尼亚小型城市聚居地巴加莫约的案例。此外，这项研究总结了一种将文化重新定位为社会交流核心的方法。

10. Sense of place and sustainability of intangible cultural heritage：The case of George Town and Melaka（Tan，Kok，Choon，2018）

文章表明旅游正在威胁着这些地方的文化遗产。文章探讨了可能有助于非物质文化遗产可持续性的"人地结合"要素，以及这些要素如何帮助遗产旅游的可持续性。作者在马来西亚乔治市和马六甲进行了深入访谈和观察，共分析了 32 份文件。"失落感""正义感"和"使命感"是"人地结合"的三大主题，这种联系激励社区参与维护当地的非物质文化遗产，此外，"意识"和"创造力"是连接生态系统的两个重要代码。

11. Roles of intangible cultural heritage in tourism in natural protected areas（Esfehani，Albrecht，2018）

保护区的"新范式"强调社区及其文化资产，包括非物质文化遗产，是这些地区的关键和不可分割的部分。由于旅游业可能是自然保护区经济框架中的一个重要因素，因此社区的突出作用可能会产生重要影响。文章报告了关于非物质文化遗产与旅游业在自然保护区中相互作用的首批实证研究，特别关注非物质文化遗产的作用。它基于在伊朗南部 Qeshm 地质公园进行的为期六个月的定性人种学实地考察，发现当地非物质文化遗产以三种不同的方式在旅游业中体现和利用。第一，作为旅游产品的吸引力来源和补充；第二，作为保护工具，尤其是自然环境对当地社区具有强烈文化意义的地方；第三，作为促进游客文化和自然敏感行为的驱动因素。结论性陈述涉及任何概念和实际影响。

国外对韩城传统建筑的研究，主要集中在韩城古城的传统民居和一些寺庙祠堂。国内外很多建筑学家曾经多次到韩城对传统建筑进行研究交流，但是对韩城非物质文化遗产、传统建筑环境、县域经济发展融合研究方面的研究非常少。

0.3 主要研究内容

本书主要以韩城古城明清时期遗留下来的传统建筑和蕴藏其中的非物质文化遗产为研究对象，以文化遗产相关概念为理论依据，研究相关的传统民居建筑和民俗文化。通过对韩城古城的传统建筑和非物质文化遗产的实地调研，了解该传统建筑的特点和非物质文化遗产的特色，从而探讨非物质文化遗产与传统建筑的保护和可持续发展。

研究的内容涉及韩城古城的建筑布局、传统公共建筑艺术、传统居住建筑艺术、古城特色的非物质文化遗产。对于涉及的每一项研究内容，对其不仅仅留于表面现象，而是尽力地分析其内在成因、发展动力。因为只有对现象与其相关文化因素进行深入剖析、解读，才能深刻地理解本质，更好地传承和保护传统文化。对于这些内容的进一步提炼与深化，最后落实到了对韩城古城整体建筑艺术特征和非物质文化遗产的归纳与把握上，其目的在于全面与综合地体现当地建筑特征与民族文化特色。

由此，全书利用以下几个部分对韩城古城传统建筑环境和非物质文化遗产相互关系进行了深入的研究。

第一部分介绍了韩城的基本情况。首先从自然环境、社会人文背景开篇，定格了韩城古城传统建筑生存的自然与社会文化空间。自然环境是当地人赖以生存的环境，它影响着社会环境的形成，也影响着当地建筑的形式；而社会人文背景在更大的程度上决定当地建筑的特点。

第二部分对韩城古城做了一个整体的介绍，即从城池的选址，到规模布局、空间构成与环境特征加以阐释。首先明确了韩城古城所处的具体有限的特定环境空间，它作为一个最初的楔入因素影响着韩城的方方面面；进而分析了韩城古城的平面布局、空间层次等，从而总结出古城的环境具有灵活自如与和谐完整的特征，展示了韩城古城较为典型的整体风貌。

第三部分对韩城古城传统公共建筑和古城传统民居建筑进行研究。对传统公共建筑的主要研究内容定位于古城的文庙、东营庙、城隍庙等，这些代表性的传统公共建筑既充分展示了韩城古城传统建筑在艺术与构造上的巧妙之处，更是深入浅出地分析了其深邃的精神内涵。对韩城古城传统居住建筑的研究，则是对其从基本类型到内、外空间形态的分析，目的在于体现其合理利用空间、充分发挥有限空间等显著特点，同时对当地传统民居特有的文化进行调研分析，从而使读者进一步加深对韩城古城民居的理解与认识。

第四部分对韩城古城的非物质文化遗产进行实地调研，重点对非物质文化遗产的特色、产生的环境，以及文化内涵进行分析研究，在此基础上归纳、提炼出非物质文化遗产的文化特征及其中所蕴含的民族思想内涵。对该地区非物质文化遗产进行全面、整体的把握，从而探索非物质文化遗产和传统建筑的关系。正是由于传统建筑的制约和非物质文化遗产的影响，以及这两者因素的叠合,共同构筑了韩城地区的文化特征。

第五部分通过对保护传统建筑和非物质文化遗产存在的问题以及保护方法的研究,进一步深入探讨传统建筑和非物质文化遗产的可持续发展。

第六部分对韩城空间发展战略进行剖析研究,提出韩城应抓住"大众旅游时代"契机,增强多元发展为一体的旅游产业集群,依托属地特色、历史宗教、古建遗址和名人故居、文学故事等文化元素开发建设,积极营造发展全域旅游的良好氛围,全面激活优势旅游资源,强化统筹规划,以改善当地人居环境,并促进县域经济发展。

0.4　研究方法

陕西韩城是陕西关中地区一个具有特色的小城,特别是韩城古城的传统建筑和当地特色的非物质文化遗产,能够代表一个地域的传统文化。因此本书将考察的重点定位于韩城的古城区,选取该区域内具有代表性的传统建筑和非物质文化遗产作为研究对象,目的在于深入地了解该地区传统建筑和非物质文化遗产的内涵,从而能更好地对传统建筑和非物质文化遗产进行保护和传承。

1. 文献资料法

在本书写作过程中,查阅了社会学、文化学、文化遗产学等和本课题研究有关的著作,以及相关的研究资料和文献成果,其中论著 10 余部,论文 800多篇。

2. 问卷调查法

依据本课题研究的内容和目的,设计了"韩城古城传统建筑和非物质文化遗产现状调查问卷",对古城的居民和相关管理人员进行走访调研。向居民发放问卷 300 份,回收有效问卷 270 份,有效回收率 90%;向相关工作人员发放问卷 50 份,回收有效问卷 48 份,有效回收率 98%。

3. 实例分析法

该方法是建立在实地调研资料基础之上的研究方法,特点是具有直观性。主要工作是资料收集及实地调研,重在深入其中,进行较详尽的考察,如拍摄照片、收集资料、绘制图纸并对其详细说明。

4.归纳总结法

归纳总结法是建立在对某一研究对象及其相关资料的整理之上，从而得出具有一定结论性特点的研究方法。根据所收集的资料进行仔细分析研究，力图把握各建筑类型所具有的文化背景、文化内涵，较全面地认识和理解环境与建筑艺术，以及其中非物质文化遗产的鲜明特色。

5.系统分析法

系统分析法是把将要研究的目标当作统一的整体，将这个整体分解为若干子系统，在指出影响子系统环境、社会、经济、文化等各项因素及相互关系的同时，对获取的信息进行综合整理、分析、判断和加工。

0.5　基本观点和创新突破

0.5.1　基本观点

由于自然环境、历史环境、文化环境等的不同，造成了各地社会经济发展的不平衡，以及在语言和习俗方面的一些差异，也由此形成了纷繁、复杂的传统文化，留下许多珍贵的传统建筑和非物质文化遗产。

对传统建筑和非物质文化遗产的保护工作任重而道远。要切实地保护好传统建筑和非物质文化遗产，并使其更好地传承和发扬，仅靠学者的呼吁和文化工作者的努力是远远不够的，还要提高民众对传统建筑和非物质文化遗产传承主体的科学认识，认真分析研究它们之间的相互支撑关系，才能更好地提高他们的保护意识。

0.5.2　创新突破

关于传统建筑的著作都或多或少地涉及对韩城古城传统建筑的研究，但是把对韩城传统建筑和非物质文化遗产相互支撑关系的研究作为一个单独命题并进行全面梳理的并不多，本书将会在一定程度上填补对韩城传统建筑和非物质文化遗产相互支撑关系研究方面的空缺。在现代城镇建设迅速发展和市场经济的冲击下，传统建筑和非物质文化遗产保护面临着严峻的形势。城镇的发展和拆迁严重地影响了传统文化的传承，也对很多有代表性的传统建筑破坏严重。市场经济的冲击使青年纷纷外出务工，造成部分非物质文化遗产传承主体的散失。但是要真正解决其保护与传承问题，关键在于坚持历史与传统的前提下，使得传统建筑和非物质文化遗产积极地适应现代社会的发展。笔者对韩城古城传统建筑和非物质文化遗产进行了系统整理和研究，在此基础上总结出韩城古城传统建筑和非物质文化遗产的基本特征，就文化研究而言，将是一个新的突破。本书对韩城古城传统建筑和非物质文化遗产保护过程中的形势进行分析，并提出相应的保护建议。保护、利用传统建筑和非物质文化遗产对促进当前乡村振兴和县域经济发展具有现实意义。

参考文献

[1]林青. 非物质文化遗产保护的理论与实践[M]. 北京：人民邮电出版社，2017.

[2]仇琛. 非物质文化遗产与旅游产业耦合机理与实证研究[D]. 徐州：中国矿业大学，2021.

[3]赵丽慧. 非物质文化遗产与旅游融合发展的效应评价研究[D]. 西安：西北大学，2021.

[4]林笑笑. 非物质文化遗产旅游开发研究[D]. 桂林：广西师范大学，2021.

[5]杨耀源. 文旅融合背景下少数民族非物质文化遗产保护性旅游开发[J]. 社会科学家，2021(4)：64－69.

[6]占豫虹，高珍宇. 非物质文化遗产历史街区的保护与再利用策略研究[J]. 智库时代，2020(14)：259－260.

[7]许晓敏. 湛江非物质文化遗产资源保护性旅游开发与管理研究[D]. 湛江：广东海洋大学，2018.

[8]刘小泉. 江西非物质文化遗产保护性旅游开发：基于 RMP 的分析[J]. 宜宾学院学报，2014(14)：54－58.

[9]唐俊杰. 非物质文化遗产保护性旅游开发研究[D]. 徐州：江苏师范大学，2018.

[10]王文瑞. 非物质文化遗产视野下的陇县老城区特色保护研究[D]. 西安：西安建筑科技大学，2016.

[11]黄世文. 历史街区保护规划中历史文化建筑的摸查与保护初探：以广州市荔湾区文化遗产普查为例[J]. 门窗，2016(12)：183－185.

[12]张蕊，杨豪中，杜乐. 历史街区更新与非物质文化遗产传承共生性策略思

考：以龙舟竞渡文化遗产保护实践为例[J]. 西安建筑科技大学学报（自然科学版），2018,50(2):265-269.

[13]陈星,杨豪中.非物质文化遗产保护及历史地段更新研究[J]. 工业建筑，2016,46(4):44-50.

[14]高翔.广西北部湾地区海洋非物质文化遗产旅游开发研究[D]. 桂林:桂林理工大学,2017.

[15]林航.依托历史街区开展非遗体验旅游的意义与可行性[J]. 枣庄学院学报,2018,35(6):85-89.

[16]孙建芳.扬州非物质文化遗产旅游开发模式的构建[J]. 四川旅游学院学报,2018(3):51-55.

[17]汪欣.非物质文化遗产与遗产旅游研究[J]. 人文天下,2016(7):54-62.

[18]张庆利.河南非物质文化遗产保护性旅游开发研究[J]. 合作经济与科技，2017(5):32-34.

[19]HARRIET. Intangible heritage in conservation management planning: The case of Robben Island[J]. International Journal of Heritage Studies,2004,10(3):309-319.

[20]GOMEZ-OLIVA , ALVARADO-URIBE, PARRA-MEROO. Transforming communication channels to the co-creation and diffusion of intangible heritage in smart tourism destination: Creation and testing in Ceutí(Spain)[J]. Sustainability,2019,11(14):3848.

[21]HANNEWIJK, VINELLA, KHAN. Capturing the city's heritage on-the-go: Design requirements for mobile crowdsourced cultural heritage [J]. Sustainability,2020,12(6):2429.

[22]TIMOTHY. Contemporary cultural heritage and tourism: Development issues and emerging trends[J]. Public Archaeology,2014,13(1-3):30-47.

[23]KIM,WHITFORD, ARCODIA. Development of intangible cultural heritage as a sustainable tourism resource: The intangible cultural heritage practitioners' perspectives[J]. Journal of Heritage Tourism,2019,14(5-6):422-435.

[24]SOHIE, CAROLINE. Heritage discontinued: Tracing cultural ecologies within a context of urban transition [D]. University of Cape

Town,2016.

[25]TAN,KOK,CHOON. Sense of place and sustainability of intangible cultural heritage:The case of George Town and Melaka[J]. Tourism Management,2018(67):376 - 387.

[26] ESFEHANI, ALBRECHT. Roles of intangible cultural heritage in tourism in natural protected areas[J]. Journal of Heritage Tourism, 2018,13(1):15 - 29.

[27]ZANDIEH,SEIFPOUR. Preserving traditional marketplaces as places of intangible heritage for tourism[J]. Journal of Heritage Tourism, 2020,15(1):73 - 101.

第 1 章

韩城概况

　　韩城古时候也一度被称为"龙门"。这个名称源于现在韩城东北方向的龙门镇,黄河流经这里的一段,被称为"龙门","鲤鱼跳龙门"的故事就源于此处。春秋时期将此地称为"韩原",战国时期又将其称为"少梁",在秦、汉时期称其为"夏阳县",到了隋代又改称为"韩城",这个名称一直沿用到今天。韩城是一个位于陕西关中东北部、具有悠久历史和特色文化的小城,这里的自然生态环境和历史文化环境复杂多样,主要表现在地形地貌、气候条件、物产资源和历史文化方面。韩城下属有 6 个镇、2 个街道办事处,共 33 个居委会、276 个村委会、1251 个村民小组,截至 2021 年末,韩城市户籍人口为 392533 人。1983 年 10 月撤县设市,1985 年被国务院批准为对外开放城市,1986 年 12 月被列为国家历史文化名城,2006 年被列为中国优秀旅游城市,2012 年 5 月升格为省内计划单列市,副地级市。

■ 1.1　自然地理与历史文化概貌

1.1.1　地理特征与区位

1. 地理特征

　　韩城位于关中平原东北部,距西安 200 多公里,北依宜川,西邻黄龙,南接合阳,东隔黄河与山西省河津、乡宁、万荣等县市相望,地处北纬 35°18′50″~35°52′08″,东经 110°07′19″~110°37′24″,南北最长 50.7 公里,东西最宽 42.2 公里,边界总长 168 公里。韩城总面积 1621 平方公里,地形地貌为"七山一水二分田"。

2. 区位分析

从国家区位层面来说,韩城位于陕西省东部、关中平原东北隅,地处陕西、山西、河南三省交界处。2011 年 6 月发布的《全国主体功能区规划》确定了 18 个重点开发区域,韩城市位于关中-天水地区、太原城市群和中原经济区三区中心位置。在南北方向上,韩城位于二连浩特—北京—西安—重庆—北部湾对外交通通道的关键节点;在东西方向上,韩城位于"丝绸之路经济带"的起点区域。

从省域区位层面来说,韩城市位于陕西省、山西省和河南省三省交界处,位于三省各自主要城市发展方向的焦点区域,区位优势明显。

从市域区位层面来说,韩城市位于渭南地区东北角,西临延安,东接运城,同渭南市分据渭南地区的西南和东北两侧,具有重要的战略地位。另外,韩城市域范围内有 108 国道、京昆高速和黄韩侯铁路三条主要对外交通线路,现有交通条件便利。南侧的澄城和合阳也有规划在建的高速公路,未来交通状况将更具优势。

无论国家区位、省域区位,还是市域区位层面,韩城都是不可或缺的一个部分,除此之外,韩城是大西安都市圈东北部重要节点城市,它对陕西省东北部的发展起到重要作用;另外,韩城作为陕西省计划单列市,将成为陕西新型城镇化发展的标杆;最后,东大门战略的实施需要距离渭南市区较远的韩城作为区域城市来支撑。

1.1.2　气候条件

韩城的气候属于暖温带半干旱大陆性季风气候。韩城四季分明,光照充足,年平均气温在 13.5℃以上,最高气温 42.6℃,最低气温−14.8℃,年平均降雨量 559.7 毫米。韩城资源丰富、环境优美,西北为山区,西南为平原。其中山区占全市总面积的 78%,以用材林和经济林为主;平原交通方便,主要为耕地、市区和工业企业。

1.1.3　物产资源

韩城位于新华夏系第三沉积带的东部,在长期的地质构造演变中形成了丰富的矿产资源,种类有煤、铁、石灰石、铝土、大理石和天然气等。煤炭储量达 103 亿吨,已探明 27.74 亿吨,占渭北煤田储量的 35.5%。铁矿储量为 3014 万吨,铝土矿储量为 19.58 万吨,石灰石保有量为 4444 万吨。煤层气资源总量为 2080 亿立方米,达到开采品位的资源量为 1907.6 亿立方米,拥有渭北最大的气田。韩城水资源丰富,全市水资源总量 3.6 亿立方米,其中自产水资源总量为 2.7 亿立方米,客水资源总量为 0.9 亿立方米,可利用量 2.5 亿立方米,人均 903 立方米。

韩城境内有山、原、川、滩,资源丰富,环境优美,林地面积 67 万亩,深山以用材林为主,浅山以经济林为主,盛产花椒、核桃、柿子、苹果,特别是"大红袍"花椒以粒大、色红、浓香驰名,年产 100 多万公斤。中部和东部为川原区,人口密集,土地肥沃,主产小麦、棉花、玉米、蔬菜等。

1.1.4　历史文化

韩城作为陕西关中地区的一个副地级市,有着悠久的历史,它处于黄河流域"几"字弯处,很早就有了人类活动的足迹。韩城著名的历史人物众多,史学家司马迁(见图 1.1)、乾隆年间的著名相府官员王杰、现代著名作家杜鹏程等都是韩城人。韩城的文物和古迹更是随处可见。韩城的国家级文物有 11 处,各级各类文化保护单位 182 处,馆藏文物更是数不胜数。其中以司马迁祠、党家村传统民居、梁代村遗址影响最大。韩城的传统建筑大多为元、明、清时期建筑,其中元代建筑的数量是陕西之最。韩城的非物质文化遗产也相当丰富,最具代表性的有门楣题字、锣鼓、耍神楼、秧歌等。韩城凭借得天独厚的自然资源和历史文化资源,大力发展旅游产业,初步形成了南司马迁祠、中古城和党家村、北龙门的旅游格局,构成了陕西旅游的东环线。

图 1.1　韩城历史文化名人司马迁

1. 史前文明的禹门洞穴文化

早在距今大约 5 万年的旧石器时代,古老的韩城先民就在这片土地上生活。20 世纪 70 年代,在修建桑树坪的煤炭铁路专线时,发现了在禹门的两处旧石器时代的文化遗址,专家称之为"禹门洞穴遗址"。该遗址位于韩城市中心东北方向 30 公里的禹门口,在黄河西侧海拔 600 多米的华子山山腰。洞口面朝东,比当地的黄河水面高出大约 30 米。

禹门洞穴遗址地层属于奥陶纪石灰岩,洞穴高约 6 米,宽 3 米,深 4 米。洞中堆积物厚约 3 米,分为 3 层。出土的石器有石制的凸透镜、兽骨和人工打造的石核、石片、石器等共 1202 件,还有一些动植物的残存物和灰烬层。出土的石器按照用途可以分为砍砸器、切割器、尖状器、刮削器等。石器的体积小,石核为楔形,石片宽而短并且薄,石材以石英岩、石砾石为主。植物残存物体主要是木本的松树、桦树,及百合科、伞形科、蒿属科植物等;动物残存物碎片主要是牛、犀牛、鹿等。从动植物的残存物来看,当地当时属于森林草原型的生态环境,时代属于旧石器时代更新世中期到更新世晚期之初。

这些实物都无可辩驳地说明了在距今大约 5 万年前,韩城的先民就居住在黄河岸边的石灰岩溶洞,在这片原始的森林中采集果实、追捕野兽,过着原始公社生活,创造着属于这片土地的灿烂文化。

禹门洞穴遗址是新中国成立以后全国首次在黄河中游发现的旧石器时代晚期的洞穴遗址,它的发现为我国的考古研究提供了重要的价值。从旧石器时代早期的蓝田人、中期的大荔人到晚期的禹门洞穴遗址,印证了陕西关中东部是人类早期活动的重要区域,黄河中游是中华民族的发祥地和中华民族文化的摇篮[①]。

2. 仰韶文化、龙山文化

韩城地处黄河的中游,新石器时代的文化遗址随处可见。到目前为止,韩城境内已经发现的新石器时代的文化遗址有 22 处,大多数分布在黄河、濮水、芝水、盘水和亢水等背风向阳的二级台地上。新石器遗址中,较早的有小西庄、庙后、药树村等为代表的以红色彩陶为主的仰韶文化遗址;也有史带村、化石村、大德堡等为代表的以灰黑陶为主的龙山文化遗址。这些古

---

① 秦忠明. 毓秀龙门[M]. 西安:陕西人民出版社,2009:75-82.

老的文化充分说明了在人类还没有真正走向文明之前，韩城已经是一个部落林立、人群密集的人类长期繁衍生息的地区。

在濒临黄河的昝村寨遗址、史带村遗址、化石村遗址和濒临濛水的芝川北寨遗址、庙后村遗址等地方，从发掘和显现的文物来看，多属于仰韶文化，彩陶、灰纪陶片和零星的残陶距今六七千年。另一部分具有明显的龙山文化特征，距今 5000 年左右，约占三分之一。其中新村遗址和庙后遗址最具有代表性。这一时期的石器都是经过磨制的石斧、石刀、石铲等，另外有很多骨器和陶器。骨器有骨铲、骨针、骨刀等。陶器最多，有锅、碗、瓢、盆、罐、盘等。这些遗址表明在这一时期，韩城的先民已经从西部的山地移居到川道地区，由原始的游牧生活进化到了原始的农耕生活，揭开了韩城文明的序幕。

3.大禹治水，鲤鱼跳龙门

"龙门"位于韩城市区东北方向 30 公里的黄河秦晋大峡谷南端，两山耸立、对峙如阙，又名"伊阙门"。黄河奔流其间，波涛汹涌，只有神龙可以跨越，故称为"龙门"。另一种说法是梁山本来就是一条巨龙，在龙身上开门，故名"龙门"。

《史记·秦始皇本纪》记载，"禹凿龙门，通大夏"（见图 1.2）。相传舜命令禹治水，禹组织人力在青海的积石山凿山穿地，以通其流，使得黄河从悬崖峭壁直流而下，直到今天的陕西韩城和山西河津的龙门山。禹凿龙门功成，宽 80 步，长 9 余里，高数千尺。因大禹治水凿龙门，因此龙门又称为"禹门"。

图 1.2　黄河两岸的秦晋龙门大禹庙
（图片来源：韩城市文旅局）

为了纪念大禹治水的丰功伟绩，华夏子孙在龙门秦晋两岸各修建有大禹庙。两座大禹庙隔河相对，古柏参天，常年香火不断。华夏自古就有"鲤鱼跳龙门"的传说。《三秦记》记载："龙门之下，每岁季春有黄鲤鱼，自海及诸川争来赴之。一岁中，登龙门者不过七十二。初登龙门，有云雨随之，天火自后烧其尾，乃化龙矣。"古人将科举考场的正门叫"龙门",将会试及第、金榜题名叫"登龙门",也将得到丰厚的待遇,置身优越的环境叫"登龙门"。韩城自古读书人很多,便把"童生进士"誉为"鱼跃龙门"。韩城曾设有"龙门书院"。

1.1.5　规划和格局

20 世纪末,为了对古城进行整体性保护,政府做出搬出古城另建新城的决定,将新城的位置选定在古城北端的平原之上(见图 1.3)。新城和古城由金塔公园和陵园连接,形成呼应。新城成为韩城政治、经济的中心,古城形成韩城历史、文化的天然博物馆。这样的决定对于保护古城遗留下来的传统建筑文化和非物质文化遗产有着重要的意义。

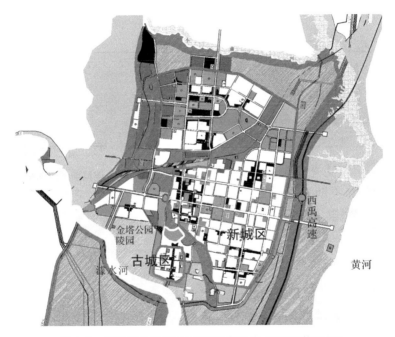

图 1.3　韩城整体规划图(古城整体保护,新城整体规划)

(图片来源:韩城市文旅局)

新城建成之后,古城和新城之间由三条主要道路连通:环城西路和新城段 108 国道连通;环城东路和黄河大街连通;古城金城大街和黄河大街连通。穿过开放的金塔公园和陵园,可以由新城直接步行到金城大街入口,行人可以一边散步一边观景,不知不觉就可以来往于新城和古城之间。

■1.2　古城人文背景

　　韩城古城，南面有濠水河，西面有梁山，东北有原，可谓依山傍水。走进古城，可以看到明清古街道、传统古建筑、四合院古民居，古色古香，传统格局保护完好。韩城古城是全国6个保护完好的明清古城之一。20世纪80年代末，政府为了对古城进行整体保护，在古城北端的平原上另建新城；2000年国家投入保护资金300万元，韩城市拨款300万元，对明清古街道进行维修保护。韩城的明清古街道现已成为具有特色的北方古城旅游区之一。

1.2.1　历史记忆

1.痕迹

　　根据《韩城县志》的记载，公元598年隋文帝定名此地为"韩城"，就形成了今天韩城的格局。在公元1164年，也就是金大定四年，在古城修建土城墙（见如1.4、图1.5）。后来的每个朝代都对城墙进行了扩建。一直到抗战时期，由于日军不断对古城进行轰炸，为了方便疏散，部分城墙被拆除。古城保存最为完整的城隍庙和文庙，虽然经历了历史沧桑，依然保留着那种神圣和威严。走进城隍庙，其建筑规模宏大、传统建造技艺精湛，依然可清晰地感受到当年人们对城隍神的敬畏之情。走进文庙，建筑的格局和孔圣人的雕像，使人自然地感受到了当年古城文化圣地的那份庄严。走在古城的青石板路面上，看着古街道两旁的明清时期建筑风格的商铺，会不自觉地想象这里当年人来人往、商贩吆喝

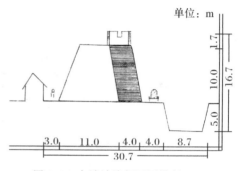

图1.4　古城城墙复原图横断面

图1.5　溥彼韩城

和人们进行商业活动的热闹景象。

2. 人文

韩城是一个文史之乡，人杰地灵，出了很多有名的文人，有学者直呼韩城为"古代高官摇篮"。在宋、元、明、清四个朝代韩城就有进士 115 人，明、清两个时期有举人 544 人。明代以来流传着"朝半陕、陕半韩"的说法（即朝廷中的官员以陕西籍的居多，陕西的官员又以韩城籍的为众）。明、清两个朝代韩城人口不超过 10 万人，但是出了很多在朝为官的人，五品以上的有 130 余人，其中宰相 2 人，尚书 5 人，侍郎 10 人，巡抚 6 人，参政 5 人，布政使 7 人，通政使 12 人，都督、将军、副将、参将 5 人，郡司 9 人，低级文武官员不胜枚举。

3. 商贸

根据《韩城县乡土志》记载，韩城古城的商贸也有上百年的历史了，有明确记载的是清光绪年间。"城中贯南北为市，唯中街最繁华，北街较南街尚富。西街则小店、代书、古董、零货所居，绝少大商。东街则零落，少市气。"光绪年间，城内私人店铺达 655 家，经商者 1800 余人。当时的古城商业分布就很有规划，城墙外边有草市，东关庙旁是粮食、牲畜之市，南关庙后村有劳务市场，城南的涧南村有水果市场。如今，在古城这个有着悠久文化的历史街区，主要街道两旁各种商铺店面林立，人来人往，热闹非凡（见图 1.6）。

图 1.6 古城主轴线上的商铺

4. 古迹

1986 年 12 月，距今已有 1300 多年历史的韩城入选第二批国家历史文化名城。古城蕴藏着丰富的文化遗产，记录着韩城的历史。

韩城古城被誉为古城中的活化石，古城的街道格局犹如一条长龙，古城北部高台上的赳赳寨塔为龙头，金城大街为龙身，金城大街两侧的巷道为龙爪，古城最南端的毓秀桥为龙尾。随处可见具有历史价值和文物价值的寺观庙宇、四合院民居更是古城靓丽的风景线。

1.2.2　传统习俗

韩城自古是兵家必争的要地，也是民族融合的前沿。春秋战国时期，秦晋反复争夺，一时属于晋管辖，一时属于秦管辖，韩城的民俗中兼有秦晋两地的烙印。从金人入关到元朝灭亡，韩城被金、元统治了长达240年，之后又经历了清朝200多年的历史。各民族文化之间相互渗透，经过长期互相补充，形成了特有的地域民俗文化。韩城有着相对优越的生产条件，韩城人形成了勤奋敬业、眷恋故土、勤劳俭朴、诚恳待人、好客守信的特点。

1. 婚俗

根据记载，韩城的完婚程序一般分为问明、纳彩、请期、亲迎。问明俗称换帖，也就是现在的订婚。男方将儿子的姓名和生辰八字写在大红纸制作的帖子上，由媒人带到女方家；女方收下男方的帖子，将女儿的姓名和生辰八字写在另一个帖子上，交给媒人带回到男方家，这就是换帖。换帖之后，也就宣告男女正式订婚。纳彩就是男方向女方送去约定的彩礼。请期俗称言告，也就是择定结婚的日期。亲迎就是正式举行婚礼（见图1.7）。

图1.7　韩城婚俗（披红、抬轿）

随着社会的发展，结婚的程序也在不断变化。现在韩城的婚俗习惯已经演变为暗见、明见、看房子、订婚、结婚。这种婚俗习惯也是一定社会条件下的产物。男女双方相互不认识，先暗见，有个大概的印象；再明见，即通过谈话接触，双方进一步相互了解。看房子是女方的主要亲戚约定日期，带女儿去男方家，名曰看房子，实际上不仅仅是看男方家房子的好坏，而是通过这个环节，看看男方家庭的内外环境，认识男方家长，通过其言行举止、待人接物，对其人品、素养有个初步的认识和了解，为是否同意亲事的考察工作。看房子这个环节尤为重要，如果女方吃两顿饭就说明这桩婚事成了，如果只吃早饭或者早饭都不吃，那说明这门亲事到此为止。

2. 丧俗

随着社会的发展,丧俗也发生了很大的变化,但是大多保留着古老的传统色彩和地方特色。旧时韩城丧俗的主要特点可以归纳为披麻、破孝、暖窑、埋罐、期斋、三年。披麻也就是用麻布做衣服,形状类似马夹,套在外衣上面。古代丧服以血缘分为五等,为斩衰、齐衰、大功、小功、缌麻,统称五服。破孝是指人去世之后,主人按照和死者血缘关系的亲疏,给有关的族人扯送不同质料、不同尺寸的白布作为孝布。暖窑是在送葬的前一天傍晚,孝子和主要亲戚都到墓地去,在放置棺材的洞穴中四个角落点起灯,并且在中间点燃麦草,有的是在四个角落放置燃红的木炭。这是孝子尽孝的最后一次机会,也是对墓地最后一次检查和验收,以便给第二天修整留有时间。埋罐是指人去世后在墓中放置一个小瓷罐,罐子中放有米、面、筷子,在埋葬之日埋在墓道,意味着人去世之后可以在阴间继续享用人间的食物。期斋是指人去世后第七天为"头期",葬礼一般选在"头期"进行。以后每七天都来祭献一次,一共过七个"期",一般"三期"和"五期"为大期,主要亲戚都要前来祭奠,其他都为小期,只有主人在家里祭奠。"期"过完为"百日","百日"过完为"周年"。三年是指人去世后第三周年的祭奠,韩城南北习俗迥异:南边人对三年比较重视,当天宴请亲戚,排场热闹;北边人只是主人在家祭奠而已。

3. 社火和庙会

韩城的社火形式多样,每到节庆时期或者有大事、喜事的时候,民间和相关的组织会举行不同形式的社火以表示庆祝或者祭祀。韩城现存的社火形式主要有敲锣鼓、扭秧歌、踩高跷、抬芯子、背芯子、耍狮子、跑旱船等。另外民间个别村庄还有闹灯故事等,体现了韩城古城的生活习惯和传统习俗。

祭祀是民间神圣的活动,在以庙会形式延续下来的祭祀活动中,受香火者,除各种神之外,便是圣人孔子和道家宗师。对先贤的祭祀成为韩城庙会的一项重要的内容和特色。庙会本来是祭祀神灵的活动形式,随着社会和经济的发展,庙会中逐渐增加了商贸活动的内容,成为民间各种商业活动的一种补充。在韩城庙会中祭祀的有重大影响的人物有大禹、孔子、司马迁等。

4. 禁忌

韩城民间流传有很多禁忌,这些禁忌用现在的眼光来看,有的属于封建的迷信活动,有的则是经验和教训的总结,有的类似于道德规范和礼节,有的属于崇拜和纪念。这些禁忌在生产生活中时刻影响着人们的行为活动,归纳起来大致可以分为行业禁忌和生活禁忌。行业禁忌常见的有:医生初

一、十五不打针；农历七月十三不理发；木匠尺和尺不能叠在一起比试，意为木匠不能比"吃"等。生活禁忌常见的有：六月、腊月不动土；初一、十五不看望病人，下午不看望病人；正月初五不走外婆家等①。

1.3 选址

1.3.1 选址理念

古城选址强调以线型空间布局为主，因地制宜，利用有利的自然环境，围绕一个主要建筑展开，相互照应、相互连接，从而贯穿成一个群体，串联成线型空间。整个古城以陵园的金塔到南关的毓秀桥为主轴线，背面依山，南面有澽水河环抱，西北面有平原，巧妙地利用自然环境，可谓是青山环抱，碧水环流，避风向阳，朝向开阔。因此将古城的选址理念总结为依山傍水，因地制宜。这个选址理念是根据所处的自然环境，同时结合长期以来形成的生产方式、生活习惯形成的。

1. 科学的选址

韩城属于陕西关中黄土高原地区，古城布局是在当地民居建造过程中自然形成的。古城北面依山可以避免风沙，背山的格局也可以有效地挡住冬日的寒风；南面有澽水河环绕，可以改善北方干燥的气候，也可较好地迎接夏季来的凉风；西南面是平原，可以满足人们的农业生产需要。整个古城传统居住建筑基本都采取了南北布局，这样的朝向布局可有效地争取良好的日照，这对于人们的日常生活显得尤为重要。古城自然地势缓缓升起的坡度，可以有效地组织排水，防止雨季水涝，可见发展初期设计思想的合理性。古城的选址理念离不开自然环境的作用，也深刻蕴含着尊重自然环境的朴素的自然生态观念。

韩城整体布局遵循"礼制"。古时候城隍庙和县衙是阴阳两大权力机构，因此县衙和城隍庙分别位于古城东西对称的位置，充分体现了人神共治。文庙修建在古城的东南方向，按照古时的观念来讲，东南的文风最盛，是一天中日照最多的地方，也是朝气和繁荣昌盛的象征。古城内东、南、西、北、中修建有五个关帝庙，旧时作为保护神，用来保护古城五个方位的平安。古城科学的选址见图 1.8。

①　秦忠明. 毓秀龙门：韩城史话［M］. 西安：陕西人民出版社，2009：43-58.

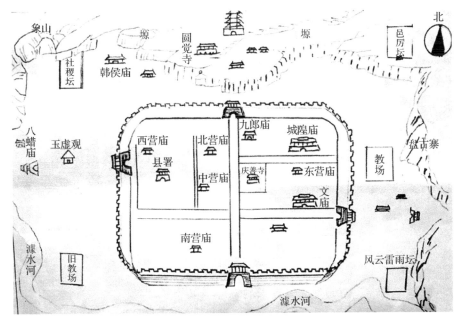

图 1.8　古城科学的选址
（图片来源：薛引生《韩城古城》）

2. 合理的布局

古城的街区可以分为两条主街道。其中一条是南北贯穿的，这条主街长一公里左右，稍微有点弯曲，形状像一条横卧的龙。从古城的北面步行上去是圆觉寺，现在是烈士陵园，在圆觉寺的顶端是金代的"赳赳寨塔"，现在常叫"金塔"。金塔犹如昂扬的龙头。在主街道的最南端是毓秀桥，它犹如巨龙的尾巴在摆动（见图 1.9）。

2000 年对这条主街道进行了改造，用石条铺设了古街道，刻制 40 多副楹联，使得古街道古香古色，更有浓郁的传统气息。

古城内巷道纵横交错，曲直有序，犹

图 1.9　古城标志性建筑（金塔和古钟）

如动脉连接整个古城。古城共有72条巷道,有孔子七十二贤弟子的寓意,是尊儒尚礼思想的反映(见图1.10)。在主街道的两翼和东西南北四关,自从明代就有"南门达北门,街阔而端,东门达西门,巷修而蛇"的规模。整个古城具有文物价值和一定保护价值的传统店面和传统民居有770多栋。在这条南北主街上,街道两边是明清时期传统建筑形式的店面。店面大多是上下两层结构,上面是库房,下面是店面,前面是商铺门面,后面是住宅,都采用砖木结构,有青砖灰瓦坡屋顶,具有典型的北方古建筑群风格。在这里

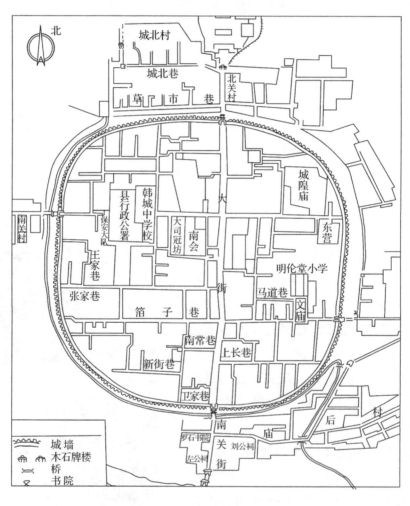

图1.10 古城原城池示意图

(图片来源:薛引生《韩城古城》)

有非常繁华的商业,茶馆、酒楼、饭店应有尽有,店铺林立,商贾云集(见图
1.11)。主街道的东西两侧是古城的传统民居,大多为"四合院"形式。古城
的四合院民居保存较为完好的有张家巷、高家巷、南营庙巷、弯弯巷等。主
要街区保存较为完好的传统古建筑有 13 处 70 多栋,数量多,规模大,类型
多样,特别是文庙、城隍庙、东营庙三庙连为一体,长度达 700 多米,是古城
传统建筑群的"名片"。

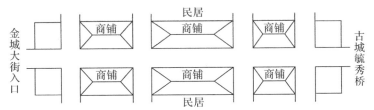

图 1.11　古城金城大街及其主要节点和周边环境

　　站在古城北面陵园的金塔之上,俯视古城全景,映入眼帘的是一座青砖
青瓦的明清小城。整个古城就像刚出土的文物群,展现在面前。繁华的主
街道俨然一幅《清明上河图》,店铺林立,古代的建筑与现代的牌匾和商品交
相辉映,街上行人熙熙攘攘。行走在古城的街道上,总有令人惊叹的发现,
这种极具历史底蕴的文化氛围令人陶醉。古城的街道路网见图 1.12。

图 1.12　古城的街道路网

1.3.2 规模和形态

1.北塔南桥

（1）赳赳寨塔（金塔）。位于古城北端的圆觉寺上有一座佛塔，后来因为在圆觉寺附近修建了赳赳寨，将其称为"赳赳寨塔"，后来又称"金塔"。根据史料记载，该塔建造于金大定十三年（1173年），至今有840余年历史。该塔为八面六级阁楼式空心塔，砖木结构，高达30余米。塔基为正方形，边长8米，高7.2米，塔身边长3.17米。每层都有窗户，一共24个。塔的每一层都有木楼梯，可以上到塔的最高层。站在塔顶北边可以看到现代化的新城，站在塔顶南边可俯瞰古城的全景。由于金塔修建在古城外北端的制高点上，更显得高俊突兀、居高临下，素为兵家的必争之地，也被称为"韩原锁钥"。

现在的圆觉寺为韩城的烈士陵园，陵园内有一座金代的铁钟，距离现在已经有800多年的历史，它是以后各朝代韩城的报时器，一直沿用到20世纪50年代。

（2）毓秀桥。毓秀桥是曾任贵州巡抚的刘荫枢关心家乡捐资修建的。该桥修建于康熙四十一年（1702年），历时5年完工。乾隆年间重修此桥。

毓秀桥坐落在古城的最南端，横跨在澽水河之上，犹如盘踞古城巨龙的尾巴。古时候它是韩城南路官道的咽喉，也是古城的南门户。毓秀桥共长180米，桥高6米，宽4.5米。桥呈弓形，有石拱十眼。桥的两边有精雕细刻的护栏。在桥的两端雕有象征守桥人的石人坐像。桥头有三座牌坊：第一座牌坊北面题字"示我周行"，南面题字"四方会归"；第二座牌坊北面题字"户尽可封"，南面题字"士风醇茂"；第三座牌坊北面题字"解状盛区"，南面题字"翠锁城南"。牌坊以南的大道西侧原来有碑林，从牌坊西南开始呈"厂"字形排列，长约200米，相见均匀，碑貌各异，都是屋脊两檐，一律向东，呈长方形。碑林中高的有8米，矮的有5米，都是用山西绛州的青石雕刻而成的。

2.四关五街

和四个城门相对应的四门外边有四关，分别叫南关、北关、东关、西关。东西南北四关纵横交错，曲直有序，是古城仅次于主街的四条街道，它和主街构成了古城主要的五条街道,集中了古城的商业、行政和其他配套设施。

南关是从南城门外的石桥到古城最南边濂水河上的毓秀桥,街道叫南关街,是从城南进出城的主要通道(见图 1.13)。

北关是从北城门外石桥到圆觉寺(今烈士陵园),街道叫北关街。北关在四关中是面积最大的,出了北城门,向东为北关东街,柿谷坡是上北原的主要通道。

东关是从东城门外的石桥到东关街东段的砖拱洞楼。在东关街的西南方向是规模宏大的庙宇群,有法王庙、东岳庙、娘娘庙等,还有对峙的东西乐楼和东西戏台。庙门前的砖雕、彩色壁画技艺十分精湛。

西关和西城门相对应,西关街南面主要是居民聚集区,西关街北面有玉虚观、腊八庙。

每年腊月在"四关"都举办"关会",这是为了供应年货的物资交流会,每个关会期都是两天。东关会在腊月初一、腊月初二举办,会址在东关庙;北关会在腊月初八、腊月初九举办,会址在姚庄坡下的玉皇阁;西关会在腊月十五、腊月十六举办,会址在西关

图 1.13 古城南端毓秀桥景观区

街;南关会在腊月二十、腊月二十一举办,会址在南关街。

3. 城墙

根据史料记载,于金大定四年(1164 年)重新修建土城墙,当时城池的状况是:东西宽 754 米,南北长 1003 米。城墙为土筑,周长 3108 米,基址宽 11 米,上部宽 5.3 米,城墙高 10 米,上部有警铺 32 个。东南西北四个方向各有一个城门,城门全是用砖砌的,以后历代扩建。在明崇祯十三年(1640 年),当朝的吏部尚书、韩城人薛国观向皇帝说明加固韩城城墙的重

要性,并倡议地方官员捐款,把土城墙改为砖城墙。在获得皇帝的批准后,薛国观本人带头捐款,当时的韩城知县也捐了可以修建两个敌台的砖,其他的官员和商人也纷纷响应,经过5个月的修建,将一座数百年历史的土城墙建成砖城墙。后来知县石凤台又为新建的砖城墙东南西北四个城门题了四块匾额,东边是"黄河东带",西边是"梁奕西襟",南边是"溥彼韩城",北边是"龙门盛地"。古城城墙复原图见图1.14。抗日战争时期,日军飞机不断地轰炸韩城,为了方便居民疏散,拆掉了一部分城墙。

图 1.14　古城城墙复原图

目前,韩城古城仍然基本保留着原貌,街巷里的店铺鳞次栉比,明清时期的四合院星罗棋布,而文庙、城隍庙、九郎庙、东营庙、北营庙、庆善寺、彰耀寺等元明清古建筑群更让古城熠熠生辉。为了保护古城,韩城市政府于20世纪80年代初作出决策,保护古城区,另建新市区。

1.3.3 环境特征

1.布局灵活的道路系统

道路系统是构成韩城古城空间的主要因素。现在的金城大街为整个古城的南北中轴线,将古城分为东西两部分,这条大街也是古城最为繁华的商业街道,集中了古城的大多数商业。此外,还有东西走向的三条主街道:从西城门往东经过书院街和宫前巷,跨过北大街和隍庙巷到南北大街;从东城门向西走,经过学巷可以到南北大街;从西街口向西与南北大街呈丁字形,与张家巷相连可以到西城墙根。这三条街道又将东西两部分分成了五个板块(见图 1.15)。西边以西街为界限;北边是老县政府;南边主要是居民区;东边以学巷为界限,南面是民居区,北面是文庙;隍庙巷北面为城隍庙。这些街道两边也都是商铺店面,具有明清时期的传统建筑风格(见图 1.16)。古城道路采用青石板铺设,粗糙防滑,便于雨天行走,还可以和古城的传统建筑风格相呼应,充满古朴的气息,也增添了行走的情趣。这不仅方便了人们的出行,又结合了自然环境,使整个道路系统构成了古城独特的道路景观。

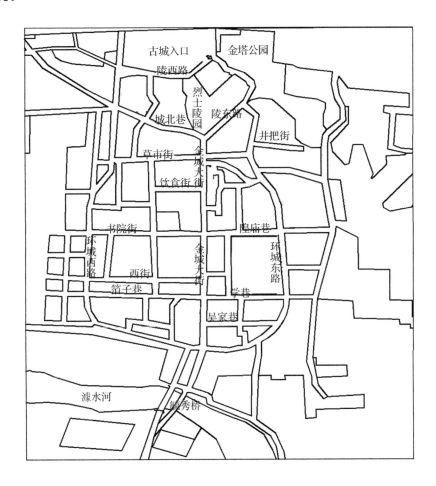

图 1.15 古城四通八达的路网

图 1.16　古城的商铺店面

2. 完整的水系

（1）井水。一方水土养一方人，韩城古城因为地势较低，东边是黄河，南边是澽水河，因此有着丰富的水资源。澽水河的水是来自古城西边山区的深山泉水，水质很好，经过沙土的过滤之后更是甘甜可口。古城人大多是在自家院子打一口井，生活用水都是井水，方便又环保。虽然现在古城安装了自来水设施，但是还有人家依然饮用自家的井水。城南的澽水河常年流水不断，夏天可以降低古城的温度，冬季可以增加古城的湿气，还可以改善古城的空气质量，给古城增添了很多的活力。澽水河上的毓秀桥，建造风格古朴典雅，桥的最南端有一座雕刻考究的牌坊，也是进入古城南大门的必经之路，和整个古城的风格遥相呼应，成为古城一道靓丽的风景线。

（2）排水。韩城古城地势北高南低，北边依山，南边傍水，东边靠原，西边一马平川。这样的地势给古城的排水带来了天然的便利，下雨后积水顺着自然地势由北向南流入城南的澽水河。加之古城的建筑基本都是明清时期的风格，采用的都是坡屋顶，雨水可流到街道上铺设的明沟暗渠中，这些明沟暗渠直接通往澽水河。这些雨水一部分被用于灌溉农田，一部分用于日常的生活，其余的流入古城东边的黄河。

3.和谐统一的群体景观

建筑和其周围的整体环境达到相互呼应、协调一致,建筑和环境有机地融为一体时,才能更好地展现其艺术魅力。在中国古代,建造城池讲究负阴抱阳,背山面水。先民在为韩城古城选址时特别注重山川形式。从居住环境上讲,背山可以抵挡冬季的寒流,面水可以迎接夏季水面的凉风,朝阳可以获得更多的日照,近水可以方便人们的日常生活。从城池防卫的角度来讲,背山面水,易守难攻。周围的环境也与古城遥相呼应。西边有梁山和几十里平川,梁山树木葱郁,形成古城的天然绿化和阻挡风沙的屏障;东边的黄河犹如一条丝带,是古城天然的加湿器;北边有唐代的寺庙和金代的佛塔,其周围环境经过后来的人工改造和绿化,成为古城人民活动的公园;南边则为濠水河环抱(见图1.17、图1.18)。

图1.17　连接古城和新城的金塔公园

图1.18　古城全景

1.4　小结

韩城古城的历史街区，是韩城早期的政治、经济、文化中心。在古城的各个角落都蕴藏着千百年来人们生产生活过程中积累的文化财富。这些财富有物质形式的，也有非物质形式的，它们都是古城人民在这片土地上生活的真实写照。这些不同形式的财富不仅是个人的，更是全人类的，我们应该不断地发掘这些文化，保护这些文化，才能使像韩城古城这样的历史街区更具有活力和朝气。

参考文献

[1]赵丽慧.非物质文化遗产与旅游融合发展的效应评价研究[D].西安:西北大学,2021.

[2]耿一涵.从文物古城到活态古城:韩城古城保护与发展[C].面向高质量发展的空间治理:2020中国城市规划年会论文集(09城市文化遗传保护),2021.

[3]刘芳奇,牟琳.人本视角下历史城区精细化更新导控策略研究:以韩城古城为例[C].面向高质量发展的空间治理:2020中国城市规划年会论文集(02城市更新),2021.

[4]王怀洲.韩城市农业结构演变及发展趋势研究[D].杨凌:西北农林科技大学,2021.

[5]高瑞雪.韩城历史城区历史建筑价值评估及分级保护策略研究[D].西安:西安建筑科技大学,2021.

[6]王迎.基于大数据的韩城市典型古民居保护现状调研[J].房地产世界,2021(11):1-3.

[7]陈洋,朱捷.探析历史文化名城的场所精神复兴模式:以陕西韩城古城城市设计为例[J].园林,2021,38(5):34-41.

[8]宋彩群.关中览古,走进韩城[J].今日中国,2021,70(2):72-75.

[9]行向辉.韩城在历史文化中开出生态之花[J].陕西画报,2021(1):26-29.

[10]张凌云.韩城:写满故事的文化旅游名城[J].新西部,2020(Z6):29-33.

[11]刘昊,步茵.文化保护视角下的城市建设用地选择研究:以历史文化名城韩城为例[J].智能建筑与智慧城市,2019(11):116-119.

[12]冯磊.韩城古城空间形态演变及实态研究[D].西安:西安建筑科技大学,2019.

[13]秦欢.韩城古城公共空间尺度特征研究[J].城市建筑,2019,16(12):13-14.

[14]张涛.韩城县域人居环境营造的本土模式研究[J].建筑与文化,2017(10):235-236.

[15]刘悦.关中传统村落保护与更新设计方法研究[D].西安:西安建筑科技大学,2017.

[16]王晓彤.关中传统村落民俗活动空间分析及其优化方法研究[D].西安:西安建筑科技大学,2017.

[17]陈雪婷.韩城地区传统村落空废化现象分析及保护与发展策略研究[D].西安:西安建筑科技大学,2017.

[18]魏谦诚.城市设计视角下韩城古城公共空间设计研究[D].西安:西安建筑科技大学,2017.

[19]陈双辰,胡敏,周浪浪,等.韩城故城的城址变迁与古城的风水环境意象[J].中国文化遗产,2017(3):81-95.

[20]张庆宏.韩城古城传统商业街区的开发与利用[J].经济研究导刊,2017(11):168-171.

[21]胡敏,陈双辰,汤芳菲,等.韩城历史文化价值与特色研究[J].中国名城,2017(2):62-71.

[22]关中文物最韩城[J].中华民居(上旬版),2016(6):10.

[23]历史文化名城保护与发展《韩城共识》[J].城市发展研究,2016,23(11):27.

[24]张涛.韩城县域人居环境营造的"文人"途径[J].建筑与文化,2016(11):114-117.

[25]刘钊启.基于"流动空间"视角的区域中心城市形成、发展及规划策略研究[D].西安:西北大学,2016.

[26]席鸿,肖莉,桑国臣.历史文化名城边缘区传统村落形态演变及启示:以

陕西韩城庙后村为例[J]. 华中建筑,2015,33(10):145-149.

[27]刘明佳.韩城古城空间形态基因图谱研究[D].西安:西安建筑科技大
学,2015.

[28]文超,屈培青,彭晋媛.韩城古城风貌保护规划:韩城古城民俗博物馆浅
析[J].福建建筑,2014(7):11-13,61.

[29]王伟,卢渊,陈媛.历史城区的保护与复兴研究:以韩城老城区的保护为
例[J].西北大学学报(自然科学版),2013(12):25.

[30]张涛.韩城传统县域人居环境营造研究[D].西安:西安建筑科技大
学,2014.

第 2 章

古城传统建筑

华夏文明史中,孕育了很多古老而有文化内涵的古城,但是绝大多数古城在历史的发展过程中由于各种各样的原因而遭到或轻或重的破坏,很多已经消失殆尽,成为人类文明史上的遗憾。韩城古城传统建筑有幸被比较完整地保存了下来,古城里坐落着数以千计的各种传统建筑,它们体现着古城的历史和文化内涵,也展示了韩城曾经辉煌的过去,使韩城古城成为三秦大地上一颗璀璨的明珠。

2.1 传统建筑的文化内涵

传统建筑有着许多可借鉴之处,比如:选址因地制宜,总体布局合理,富于变化;建筑造型丰富多彩,内部空间灵活多变;内部装饰内涵丰富,变化万千。古城的传统建筑也不例外,各个方面都很好地反映了传统建筑文化的特点,并结合了当地当时的历史文化,集中反映了该时期的建筑特点和文化内涵。现代建筑师在设计过程中,应该吸取传统建筑的优点并加以继承,同时发扬特色的民族地域文化,创作出更具内涵的建筑作品。在几千年的历史长河中,传统建筑本身就是人类生产生活过程中智慧的结晶,它代表了一种特有的文化,是文化宝库中的瑰宝,具有丰富的文化内涵。

2.1.1 天人合一

传统建筑文化集中体现了多文化交融和人与自然"天人合一"的哲学理念,强调在建筑创作过程中要尊重自然、合理利用自然,与自然协调发展。建筑应该与当时当地的生态环境、自然地貌共生。要巧妙地结合当时的历史文化,做到建筑创作的自然化和人文化。这些建筑创作的宝贵经验正是我们在现代建筑设计中所要传承和发展的。我们在现代建筑设计中要继承和发扬传统建筑文化,就要学习和研究中国传统文化和哲学思想,并结合现代建筑设计的要求对其加以应用。传统建筑的精华能被很好地继承和发扬,城市就能更好地延续历史的文脉,形成中国现代建筑新的特色。

2.1.2 技艺合一

传统建筑注重功能的实用、结构的合理简单和艺术的统一。结构上不采用大体量的建筑结构来体现建筑的形式美,而是合理运用精密的构件,经过巧妙的设计,遵循内在的力学法则,创作出不同功能的建筑。同时采用不同的形式,呈现出清晰的结构逻辑,通过将建筑内部的结构、色彩、装修、家具等关联起来,从而达到功能和艺术的完美结合。

2.1.3 以人为本

传统建筑文化在设计和创作的时候处处遵循以人为本的原则,尊重人的道德、伦理、文化和历史,讲究培养对文化的继承,将这些充满人性的东西巧妙地融入建筑设计中,从而使得建筑处处体现着对人的关怀和尊重。传统建筑设计中讲究时间和空间的结合,强烈表现出空间的时间化和时间的空间化。宫殿的威严、民居的亲切、园林的恬静,都充分体现了传统建筑的"以人为本"。

2.1.4 情景交融

传统建筑崇尚自然美,在设计时不追求形式体量,而是利用基本结构表达特有的文化内涵,体现了庄子"朴素而天下莫能与之争美"的理念,将朴素、自然看作是一种理想之美。古人在为建筑选址时,通常选择自然的山水景地,将自然的山水合理地融入民居建筑或是园林建筑之中。建筑师通过自己对自然景观的感受,把自然景观融入建筑创作中,反映了人的一种审美情趣和价值取向,使得建筑对自然进行了一种很好的艺术再现,从而达到人的思想情感和艺术上的情景交融①。

---

① 罗哲文.中国古代建筑[M].上海:上海古籍出版社,1990:77-93.

2.2　古城大环境

韩城古城又称金城,西依梁山,南邻濮水河,东北边为平原,依山凭原,傍水而建。古城环境优美,交通便捷,北通龙门渡口,南接夏阳古渡,是古代秦晋客商交汇的重要区域。

城南有龙泉寺,寺庙里有一个泉眼,水质特别好,清而甘甜。寺庙周围是农田,有"龙泉秋稼"的典故,是韩城重要景色之一。城北有圆觉寺,位于现在的烈士陵园,站在塔上可以俯瞰古城全景。圆觉寺的金塔现在为韩城古城的标志性建筑,位于中轴线上的还有金城大街(见图 2.1)。城东有后土祠,又称元君圣母庙,俗称"娘娘庙"。城西有玉虚观、紫云观、马公祠、八神庙。城周围有五个寨子环绕,有赳赳寨、安居寨、城固寨、吉家寨、庙后寨。这五个寨子分别位于古城周围的制高点上,成为古城的天然屏障。

图 2.1　古城中轴线上的金塔和金城大街

2.3　传统公共建筑

韩城古城是文物荟萃的地方,古城里古建筑云集,寺观庙宇随处可见。虽然经过岁月的流逝和风吹日晒的考验,仍然保存下来了很多具有历史价值的传统建筑和遗迹,我们可以从中寻找到许多古城的历史信息。

2.3.1　传统建筑现状

古城现存遗迹非常丰富,城里的寺庙星罗棋布,根据统计,现存重点文物保护单位 15 处,其中国家级 3 处、省级 4 处、市级 8 处。

古城寺观庙宇不仅历史悠久,而且建筑都有着丰富的观赏价值和研究价值,这样的规模在陕西省乃至全国都是极为罕见的。老百姓口头流传着

"古城有五营、四哨、八大金刚、十二个半台子"之说。除此之外,古城建筑规模最大的两座庙宇是城隍庙和文庙(见图2.2)。

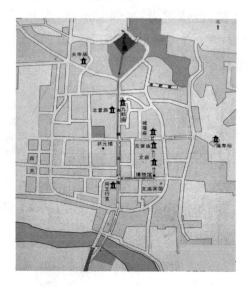

图 2.2　古城保存完整的庙宇分布

古城的传统建筑如表2.1所示。

表 2.1　古城的传统建筑

类型	涵义	名称	分布	现状
五营	"营",古代的军营编制,这里的"营"不是军营,是指营庙,即用来祭祀,祈求保佑城池平安的庙宇	东营庙 西营庙 南营庙 北营庙 中营庙	城的东、西、南、北、中五个方位	现仅存东营庙和北营庙
四哨	古代城门外用于驻扎士兵和抵御外患、防盗的场所	东哨 西哨 南哨 北哨	分别位于古城四个城门外不远处	古建无存
八大金刚	古城内主要庙宇门外的罗汉雕塑,有保护庙宇之意	城隍庙金刚 庆善寺金刚 太微宫金刚 关帝庙金刚	分别位于四个寺庙大门两侧	太微宫金刚、关帝庙金刚无存,其余都保存完好

续表

类型	涵义	名称	分布	现状
十二个半台子	用于过节、庙会时候唱戏之用	对台子	五个营庙各有一个；城隍庙大院东西各有一个，南边两个乐楼各有一个；九郎庙、财神庙、庆善寺各有一个	仅有两个戏台保存完好，一个是城隍庙西部的戏台，一个是北营庙戏台，其余古建无存
文庙	祭祀孔子的庙宇，定期参拜祭祀孔子的活动，现在是古城天然博物馆的一部分	文庙	整个庙宇分为四个院落	古城保存比较完整的古建筑群
城隍庙	有定期的城隍庙会，是祭祀城隍神的庙宇；现在的城隍庙为古城天然博物馆的一部分	城隍庙	整个建筑分为七级建造，从南到北七个建筑分别位于七个台阶上，有"七级浮屠"之说	经过修复，现在保存比较完整

这些寺观庙宇因年代过于久远和各个朝代的战乱损坏，有的已经不复存在了，城内的太微宫、西营庙、中营庙、南营庙、彰耀寺等，城外的法王庙、后土庙、东岳庙、玉虚观、迎仙观、灵阳观、韩侯庙等现在都不存在了。

2.3.2　典型传统建筑

1. 文庙

(1)建筑格局。韩城文庙是全国第三大孔庙，其规模仅次于山东曲阜和北京国子监街的孔庙。韩城文庙集宋元明清建筑风格于一身，布局规范，结构恢宏。庙宇坐北朝南，明洪武四年(1371 年)，做过大规模重修扩建，占地总面积 8400 平方米，中轴线长 180 余米，现有主体和配列建筑 22 座，共计

78 间,是 14 世纪以来,中国西部保存最完整的文庙古建筑群。文庙由棂星门、戟门、大成殿、明伦堂、尊经阁 5 个主体建筑和 4 个紧密相连的院落组成。

文庙棂星门位于东南方向,之所以在东南方向是有讲究的。按照八卦图,东南方向属于巽位。巽位有"巽者,顺也"之说,又有君子做到谦逊,才能从此门进入接受孔子教育之意。

文庙东西两侧各有一座二柱一楼单檐式木牌坊,东牌坊上题字"德配天地",西牌坊上题字"道冠古今",用来赞扬孔子的思想品德和学说。孔子是我国古代伟大的思想家、教育家。他的思想中含有"道"和"德"。道指一定道理,如仁、义、礼、智、信等伦理观念。德指人的所得,即人行道而得于心。孔子提出的"为政以德"的德治思想是对周公"敬德保民"思想的发展,为孟子提出的"仁爱"学说奠定了基础,被秦汉以后的统治者借鉴。孔子提出的仁、智、勇的思想代表着至高品德,司马迁尊孔子为"至圣",称其思想品德可以和天地相匹配。两座牌坊既是对孔子品德的概括,又是文庙的标志性建筑(见图2.3)①。

在学巷最东端,棂星门和巷北端的居民大门处于一条直线,但是棂星门前的"黉门"位于巷子中心,整条巷子在此处形成一个拐角,过了文庙向东就到了城墙的东门。因为孔子在明清之际被加封为"大成至圣先师文宣王",所以只有文庙门才可以位于大巷的中间。黉门东西两侧各有一块石碑,上书"文武官员军民人等至此下马",文庙东、西、北三面都另有道路和其他巷子相互连通,这是为了当时车马绕行而铺设的,俗称"东马道巷""西

图 2.3 文庙牌坊

---

① 刘兆英.溥彼韩城[M].北京:煤炭工业出版社,2005:32-56.

马道巷",又称东马道巷为由仁路,西马道巷为行义路,是按照仁义的标准约束人们的行为。文庙平面图见图2.4。

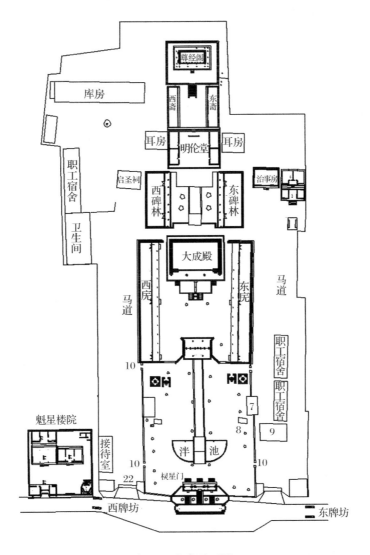

图 2.4 文庙平面图

嫏门上刻有"贤官"和"圣域"。进入嫏门就是棂星门了,嫏门和棂星门之间有个小院落,院落的墙壁上有彩色琉璃雕刻的飞龙,五条飞龙琉璃浮雕的两侧是鲤鱼砖雕,有"鲤鱼跳龙门"的寓意。院落四棵千年古柏见证着文庙的历史。棂星门坐北面南。门是木质结构,单檐悬山顶,屋面由琉璃瓦铺设。门框呈方形，和窗棂相似，故称其为"棂星门"。其斗拱雕饰非常华丽，雕刻有日月、花卉、龙凤、人物、禽兽等，更奇特的是立柱通天，柱头装饰有琉璃浮雕的盘龙、花卉和宝葫芦攒尖顶，棂星门两侧的墙壁也为飞龙浮雕，以上寓意孔子思想、人格和功绩的高大，有顶天立地之意。棂星门分为三道，分中门和两侧门，过去有身份地位的人走中门，一般人都走侧门。

　　进入棂星门是文庙的前院，院落有参天的千年古柏（见图 2.5）和泮池。泮池呈半月形，池中间有一座曲面双孔石拱桥，通过石拱桥可以到达前院中间。泮池东西两侧是碑楼、碑亭、室所。石碑上刻有对文庙修缮的记载，室所是古代官员祭祀孔子前休息的地方。

　　前院正北是戟门，即通往正院的大门（见图 2.6），修建于宋建隆三年（962 年），在文庙门口立有十六柄戟，有保护文庙，表示对孔子的尊敬之意，故称戟门。戟门分为中、东、西三个门，古时候有身份地位的人走中门，一般人走偏门，中门门额上悬挂有木刻门匾"戟门"。戟门为单檐悬山顶，屋面铺设琉璃瓦，抬梁分心式，四椽栿。门外八字墙上有彩色琉璃雕龙，门内八字墙上有彩绘的凤凰图案，寓意龙凤呈祥。

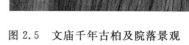

图 2.5　文庙千年古柏及院落景观

图 2.6　文庙戟门

进入戟门是文庙的正院,院子中间有四棵千年古柏,分布在院子的四个角。西南角的古柏呈五枝高攀状,俗称"五子登科"。东南角有一棵略小的古柏,修剪成四枝,俗称"四季发财"。它们又分别代表儒家的经典著作四书(《大学》《中庸》《论语》《孟子》)、五经(《诗经》《尚书》《周易》《礼记》《春秋》)。迎面是文庙的主体建筑大成殿。大成殿高大雄伟,气势非凡。大成殿为明三暗五开间,单檐悬山顶,抬梁歇檐式,八椽栿建筑,屋面铺设琉璃瓦,五脊六兽。大殿的整体结构保留了元代建筑的特点。大成殿两侧对称,建有东庑和西庑,都为外廊式建筑,单檐悬山顶,东西各十二间。大成殿前面为石栏杆围绕的月台,月台前面为坡道和踏道,雕刻有龙腾戏珠。坡道和踏道之间立有两个石像,背上共驮一根青石浮雕盘龙杠。正中间的坡道一般不允许随意通行,只有古代科举中榜者祭祀孔子时才能卸下石龙杠通过。传说石龙杠只开启过一次,就是清代名臣王杰祭祀孔子时从中间通过进入大成殿(见图 2.7)。

图 2.7　文庙大成殿、石龙杠、配房

明伦堂位于大成殿之后,分为前院和后院。前院由正堂和东西两侧的廊屋构成三合院样式的建筑,正堂开间为五间,单檐硬山顶,抬梁式,六椽栿。正堂门楣题字"师道尊严"。正堂两侧的廊屋各有七间,门额分别题字"东碑林""西碑林""掌酒司""典库司"等。堂和廊之间有拱门洞,门额分别题字"悬规""植矩"等,意思是要求学生按照规章制度办事,严格要求自己的言行。

从明伦堂穿过中门就是后院了,中门门额题字"由仁义行"。后院东西两侧各有六间歇檐式平房,是当时学生学习的地方。后院北边是尊经阁。根据记载,尊经阁修建于明弘治三年(1490年),清康熙四十八年(1709年)重新修建。尊经阁面阔三间,为重檐歇山顶楼房,上下两层。屋顶五脊六兽,雕刻花卉,铺设有琉璃瓦。尊经阁台高3.68米(见图2.8)。

(2)非物质文化遗产。根据记载,在孔子生辰的这一天在文庙会举行隆重的祭祀大典,当地的文武官员、文人学士都按时前来参加祭祀活动。当天晚上文庙花灯齐放,热闹非凡。

2.城隍庙

城隍庙位于古城的东北方向,沿着金城大街由南向北走到隍庙巷口,向东走到隍庙巷的东端就是城隍庙了。古城城隍庙在唐代就已经有了,起初只是在这里设坛祭祀。到了明洪武二十年(1387年)大规模修建庙宇,明清两个时期又对庙宇进行多次的重

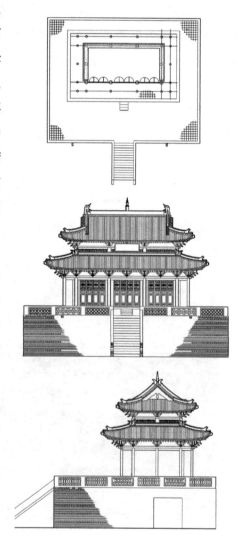

图2.8 文庙尊经阁平、立面图

新修缮,形成了今天占地约 15500 平方米,规模宏大、四进院落、错落有致、金碧辉煌的庙宇。传说城隍是守护城池之神,可保城池的安定和百姓的平安。城隍庙平面示意图见图 2.9。

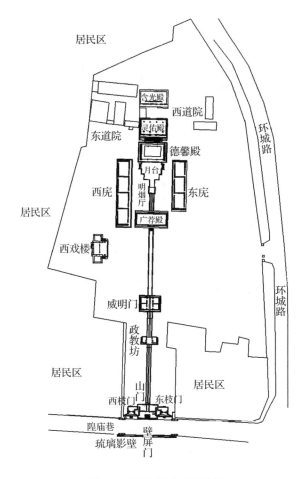

图 2.9　城隍庙平面示意图

　　庙门坐北向南,由正门和东西侧门组成。正门建在高 1.5 米的台基上。门房为单檐悬山顶,抬梁分心式,四椽栿,房顶由琉璃瓦铺设。大门门额题字"城隍庙",门口侧面的墙上刻有"彰善瘅恶"四个大字,还有一对石狮子守卫着大门。侧门是单檐悬山顶,装饰和正门相同,只是比正门低点。正门在古代只有官员可以进出,一般百姓只能从侧门通过。侧门两侧的墙上有龙虎的浮雕,雕刻极为讲究。

正门对面是通往东营庙的大门，门为二柱一楼单檐悬山顶式，门内正面有一座用琉璃雕刻的龙的照壁，和城隍庙相对。大门两侧墙壁是大面积的琉璃浮雕群，为砖雕仿木式结构，东西各有七幅浮雕，雕刻有凤凰戏牡丹、龙腾虎跃、山林古庙、亭台楼榭等，在我国琉璃浮雕群中很是奇特少见（见图2.10、图2.11）。

图 2.10　城隍庙大门、琉璃照壁、街道

图 2.11　城隍庙中建筑局部特写

　　城隍庙的整个建筑分为七级建造,从南到北的七个建筑分别位于七个台阶上,依次升高。根据佛教建塔"七级浮屠"之说,有功德圆满、吉祥如意之意,显示城隍至高无上的地位(见表 2.2)。

表 2.2　城隍庙七级建造内容

级别	名称	取义	建筑形式
一级	大门	彰善瘅恶	单檐悬山顶,抬梁分心式,四椽栿,房顶由琉璃瓦铺设;侧门单檐悬山顶,装饰和正门相同,低于正门;两侧的墙上用琉璃雕刻有龙虎的浮雕
二级	政教坊	扶明政教	面阔三间,单檐悬山顶,抬梁式,两椽栿
三级	威明门	神威大、神智明	面阔三间,单檐悬山顶,抬梁式,两椽栿
四级	广荐殿	百姓祭祀的地方	大殿面阔五间,单檐悬山顶,琉璃瓦脊
五级	德馨殿	官绅祭祀的地方	面阔三间,单檐歇山顶,抬梁式,六椽栿;东侧有庑九间,西侧有庑十二间

续表

级别	名称	取义	建筑形式
六级	灵佑殿	城隍神所在的地方	面阔五间，单檐歇山顶，抬梁式，六椽栿
七级	含光殿	城隍神的寝宫	面阔三间，单檐歇山顶，抬梁式，四椽栿

(2)非物质文化遗产。农历五月二十八和八月十八为城隍庙祭祀过会的日子，会期各为五天。这个时候全市的百姓大多来古城赶会，在城隍庙里看大戏。城隍庙有三尊主神，一尊铜像、两尊泥塑，过完会后送往北营庙和学巷的菩萨庙保存，下一次过会时再迎接。列队迎接时，前面有乐队、黄罗伞等，在唢呐和鞭炮声中，从大街南北汇合到城隍庙门口。庙里的乐队和戏台都做好准备，迎接神像的仪仗队一进门，鼓乐齐鸣，鞭炮齐放，很是热闹。

对台戏是庙会中最为热闹的活动。戏班分为南北两派，在南北戏台上唱对台戏，双方都拿出看家本领以压倒对方，热闹非凡。台下男观众一般站着看戏，女观众坐着看戏。城隍庙广场还有韩城锣鼓表演、秧歌、抬芯子、划旱船等活动。从韩城四面八方而来的人们都汇聚在此，在继承传统的同时，庙会也成为全市人聚集起来相互交流的一个盛会。后来随着庙会规模的扩大，祭祀城隍的活动还带动了整个古城的商业活动。古城金城大街和隍庙巷为庙会商业活动最为集中的地方，在这里主要售卖日常生活用品、农具、牲畜等。庙会期间商业活动极为繁荣，庙内庙外以及附近的街道都有摊点，群众在这里购买自己需要的商品。城隍庙会不仅是一个祭祀活动，也是相互交流的场所，不但表达了人们对幸福安康的追求，还展现出人们劳动之余放松身心的愿望。

3.东营庙

东营庙位于古城的东北方向，在隍庙巷的东端南侧，和城隍庙相对。该庙始建于明末清初，根据记载，清朝康熙年间重新修缮过。东营庙整个院落坐东向西，现存的建筑有山门、献殿、寝宫等主体建筑。山门外有影壁，山门两侧有马童牵马的雕塑一对。山门面阔三间，单檐悬山顶，抬梁分心式，两椽栿。中间为庙门，门额板刻"关圣庙"，背面雕刻"忠""义"二字，取"桃园三结义"之意(见图2.12)。

图 2.12　东营庙平面示意图

　　庙中主体建筑为前、中、后三殿。前殿面阔三间,单檐悬山顶,抬梁式,两椽栿;中殿和前殿建筑形式和结构相同,只是进深比前殿深,四椽栿。前殿和中殿相互连通,用作祭祀用的献殿,前面有一对石狮子守护着;后殿为寝宫,开间三间,单檐硬山顶,抬梁式,四椽栿,其特点是中间的房间小于两侧的房间。

　　由于一个庙里供奉多个神,因此该院落还有其他的小庙院。在院的北边有一座三开间的大殿为七星庙,还有一座东岳庙,其献殿、寝宫现在保存完好。

4. 北营庙

　　北营庙位于北街,山门临街,院落坐西面东,占地面积 1160 平方米。该庙始建于元代,完整地保留了元代建筑的风格。庙内有"历代名医图",上面记载了从三皇五帝到宋金时期的历代名医。该庙中现存的传统建筑有前殿、中殿、后殿、戏楼，以及后殿西侧的一座大殿（见图2.13、图2.14）。

图2.13　修缮前的北营庙戏台和楼（上图）及过殿、献殿和寝殿（下图）

（图片来源：韩城古城文物研究所）

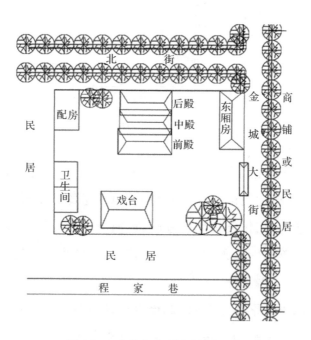

图2.14　北营庙平面图及周边环境

前殿面阔五间,单檐悬山顶,抬梁式,两椽栿。中殿面阔五间,单檐硬山顶,抬梁式,四椽栿。中殿中间门额上题字"忠义"。其进深 3.76 米,当心间 3.52 米,次间 3.33 米,稍间 3.24 米。前殿和中殿作为祭祀用的献殿,相互连通。后殿结构和献殿结构相同,作为寝宫,总进深 11.14 米,前当心间 5.73 米,次间 5.22 米,后当心间 3.43 米,次间 3.32 米,稍间 3.12 米。后殿中间门额上题字"圣殿"。可以看出该庙宇为"关帝庙"。

关帝庙的西侧是一座单檐硬山顶的大殿,面阔三间,其西侧有一处院落,现存有东厢房四间,西厢房两间,北房五间。

庙宇的南侧有一个戏台,戏台坐南面北,和大殿相对,为单檐歇山顶,抬梁分心式,四椽栿。戏台前沿东西两侧各有一根方形木柱,上置方额,下施立枋,上面平枋作为斗拱,斗拱前面雕刻装饰有木山,背面有绘画,斗拱平枋下面各装饰有垂花。戏楼上整个装饰集雕刻、透雕、绘画于一体,艺术价值很高。

5. 庆善寺

庆善寺在金城大街的东面,俗称东寺,东西 65.5 米,南北 124.7 米,占地总面积 7698.5 平方米。庆善寺始建于唐贞观二年(628 年),以后多有修葺,现在只有大佛殿尚存。寺院保存最为完整的大佛殿,据记载距今已经有约 1380 年的历史。

大佛殿结构恢宏,但已不是唐代的建筑风格(见图 2.15、图 2.16、图 2.17)。琉璃脊单檐歇山顶,抬梁式,八椽栿。通西阔 21.85 米,五间。进深八椽,深度为 14.45 米,总面积 315.7 平方米。大佛殿经历了金、元、明、清以及后来各个时期的修缮,规模宏大,建筑技艺非常考究,大量地运用了木构建筑斗拱形制,对研究古代

图 2.15　修缮中的庆善寺大佛殿

建筑历史有珍贵的价值。民国时期这里曾经为县参议会的会场。新中国成立后,又当作县政府的会议礼堂,名曰"群众堂"。庆善寺殿内前后两排各四根粗大的柱子。庆善寺是韩城古建筑中最大的一座殿宇。庆善寺原有山门一座,现已移至司马迁祠。

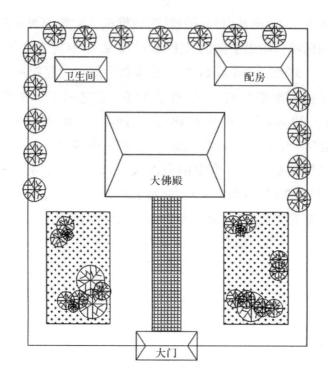

图 2.16 庆善寺平面示意图

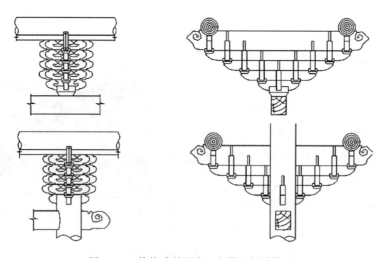

图 2.17 传统建筑局部（斗拱和灯笼橼）

庆善寺经过风雨的长期侵蚀,破损比较严重,为了更好地保护这处传统建筑文化遗产,2009 年 7 月在政府和相关部门的配合下,庆善寺被重新修复,主要对其进行加固修复,还对寺院的服务设施、道路、周边绿化、照明设施、消防设施、仿古围墙等进行改造。同时,对庆善寺周边的环境也进行了改造,将与寺庙环境不统一的现代建筑全部拆除,对周围的道路、排水系统也进行了统一处理。修复工作于 2010 年 11 月竣工,如今的庆善寺又恢复人来人往的景象。这项改造工程不仅很好地保护了古城的传统建筑,还给人们的生活带来了新的气象。

2.4　传统民居建筑

四合院是韩城独特的民居形式,自成一体,别具风格。韩城四合院蕴藏着色彩浓郁的当地民俗民风和丰富的文化内涵,成为韩城一道美丽的风景线。韩城古城是韩城历代政治、经济、文化的中心,聚集着韩城的贵族大户和富商官绅,四合院更是随处可见。根据记载,古城四合院在明清时期达到了千余处,至今保存下来的四合院仍然有几百处,成为韩城珍贵而独具特色的文化遗产。

相传大禹开凿韩城龙门的时候,为了防御野兽的袭击而创建了这种居住模式:四周是房间,在一个方向开门。其密闭性好,安全性高,后来历代相传,又经过不断改进和完善,逐渐形成了现在的民居风格。四合院的独特之处在于:四周房屋一般各自独立,院子将其相互连接,生活起居方便;私密性和安全性好,大门关起来自成一片天地;四面房屋的院了都开向中间院了,全家人相互照应方便,生活其乐融融。韩城四合院历史悠久,相传起源于夏商时期;真正形成四合院的完整建筑形式是在隋唐时期;到了宋元两代,韩城四合院建筑规模达到兴盛;明清时期,韩城四合院得到了进一步的完善和发展。现在保存下来的四合院基本都是明清时期的建筑形式(见图 2.18、图 2.19)。

古城四合院是韩城文化遗产保护的重要内容,政府非常重视对古城四合院的保护,城建、文物等相关部门多次对古城四合院民居进行调研、等级普查,并且建立档案,将 144 座四合院和 207 户分别列入重点文物保护单位和重点保护建筑,并且在门口挂上了保护标志。四合院民居总体的规格和格局基本是一致的,但是因财力、地位、文化的不同,建筑装饰、配套设施并非千篇一律,而是各有千秋。

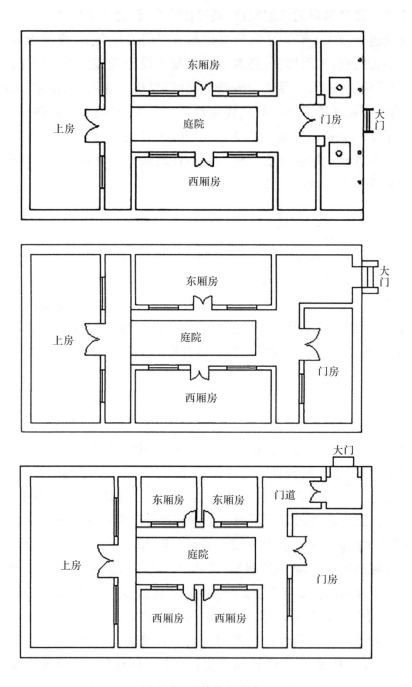

图 2.18　四合院的形式

图 2.19　古城典型的四合院落

2.4.1　古城四合院的基本类型

韩城传统建筑中四合院给人们的印象是最为深刻的。韩城是我国北方民居保存最多、最集中和完整的地方之一。有 1000 多座四合院分布在韩城的各个角落,单是在古城中就有六七百座四合院。四合院保存比较完整的有箔子巷、弯弯巷、南营庙巷等。韩城四合院无论是整体建筑格局,还是内部建筑装饰都是非常讲究的,体现了封建社会晚期民居艺术的积淀。拥有如此密集而又具有民俗特色的四合院,使韩城享有"小北京"之称。

古城四合院大多为独院,也有少数大户人家是重院。前后两院称为二重院,前、中、后三院称为三重院。厅房前后有门过厅,可以穿厅而过,又可以绕厅而行。并列相连的院落有主次之分,主院落称为正院,次院落称为偏院。四合院四周的房了都是歇檐式的,形成回廊,晴天可以遮阳,雨天可以挡雨。重院、并院在古城为数不少,还有少量并院、重院连通,过去多数居住的是达官显贵的大户。古城四合院的类型如表 2.3 所示。

表 2.3 古城四合院的类型

类型	位置	特点	题字
独院	隍庙巷南口西侧	南北院落，门房为五间楼房，厢房东西各为三间歇檐式，前房檐有斗拱，梁端有云头，并且有补间斗拱，前檐墙外移，从斗拱上粗看给人六间的感觉；厅房为三大间歇檐式，厅门外两山墙	门楣题字"明经第"；照墙题字"圆桥进步云拥树，流水高山亦赏音"；厅外两山墙题字"绵世泽，惟教友于兄弟；振家声，在颂读乎诗句"
	九廊庙巷东侧南端东西方向巷道	南北院落，门房为五间，厅房为三间歇檐式，东西厢房各四间，都为南向"巽"字隅门，厢房东高西低	西院门额题字"庆有余"；重门正面题字"安乐居"，背面题字"迓天庥"
	南营庙巷南北两侧	南北院落，门楣为木刻浮雕，门墩为竖方形石雕，厅房为三大间歇檐式，东西厢房各有五间楼房，门房是三间楼房	门楣题字是清代状元王杰所书"安详恭敬"
	解家巷东侧南端	南北院落，平面呈正方形，大门为南向"巽"字相公帽小墙门；厅房为五间歇檐楼房，二楼有木栏阳台；厢房东西各为三间歇檐楼房，二楼前檐木门窗伸出，没有阳台	门楣砖刻题字"履而泰"
	高家巷北段西侧	东北院落，东边门房为五间歇檐楼房，次间安装屏风门；西边厅房为三大间楼房，二楼都安装有屏风门，明间六扇，次间四扇；南北厢房各为三间平房；厅房两侧开有小门，厅房连通后面的南北四合院	门楣题字"耕读传家"；厅房两侧砖拱门题刻"寅畏""属恭"

类型	位置	特点	题字
并列四合院	南营庙巷北段东侧	这个南北四合院是当时出任山东泰安按察使吉灿升的故居。该院东西并列两院,门外都有上马石和拴马桩。东院门房为五间歇檐楼房,"坎"字中门,门内有屏风,东西厢房各为四间歇檐房,厅房为三大间歇檐房。院落四周有回廊,厅房后面的小院有卷棚顶抱亭。西院门房六间,东西厢房各为四间楼房,厅房为卷棚顶五间,明间两侧有屏风隔断,形成一明两暗	东院门楣题字"世科第";屏风门额题字"履中蹈和";西院门楣题字"诗清芬"
	张家巷中段南侧	东西并列相连三个南北四合院,中间加一个跨院。大门"乾"字隅门,门内有屏风门,门房五间,厅房三大间,东西厢房各为四间,全部为歇檐式平房,四周有回廊环绕院落。跨院西侧是两个并列四合院,两院四周的房子格局相同,门房五间,厅房三大间,东西厢房各四间	挎院门楣题字"耕读";屏风门额题字"椿荫凤毛";其他相连两院门楣题字"明经第"
重院(二重院、三重院)	狮子巷北段东侧	前后二重四合院,大门为"离"字门,前院五间门房,门前单独有照壁,东西房各三间,厅房为三大间,歇檐悬山顶,后院东西厢房已不存在,后院厅房是三间楼房	前院门楣有乾隆年间题字"耕读第"
	小高巷拐角处西侧	南北向前后二重院。前院"巽"字门墙,门房为三间楼房,东西厢房各三间,厅房为三间歇檐悬山顶楼房,通过大厅进入后院,厢房东西各四间,厅房为三间楼房,明间砖砌中门,上面砌有花格砖栏杆	前院门楣题字"耕读第"
	北营庙西段西侧	二重四合院,原来也用作当铺。大门为"巽"字门,大门内有轿顶式洞槽,而且开有两个门,前院门房是五间歇檐式楼房,厢房东西各为三间,厅房为三大间歇檐式楼房。穿过厅房进入后院是四扇木板门,门外是抱亭,厢房东西各有四间,厅房为楼房,已不存在,遗址上新建了两间楼房	前院门楣题字"明经第"

类型	位置	特点	题字
重院(二重院、三重院)	南营庙巷南侧	二重四合院,朝北"坎"字大门,前院门房是三间歇檐式,装饰有四攒斗拱,内有屏风门,厢房东西各为三间,南山墙有砖砌的拱洞,通往后院,后院厢房已不存在,厅房为明间三间、暗间五间	大门门楣题字"勤俭";屏风门正面题字"勤俭恭恕",背面题字"道之以安"
	城东弯弯巷的拐角处	三重四合院,前、中院子保存完好,后院现存厢房和厅房。该院落为清道光年间张氏(张鸿彪、张鸿基、张鸿泰)三兄弟的故居。前院门房为五间楼房,厢房东西各四间平房,厅房三大间。厅房两侧有通向中院的夹道和砖砌的拱门,中院厢房东西各有四间楼房,厅房三大间楼房,二楼有木制栏杆的阳台,楼上、楼下都安装有屏风门。后院的厢房东西各有四间楼房,厅房三大间楼房,南边的房屋已不存在	前院门楣题字"耕读第",过厅后门题字"尚德堂";通往后院的门前后额题字"勤谨""和缓"
并列重院	南营庙巷西段北侧	三个并列相连的二重四合院,现在两个前院保存较为完整,后院保存不全。东院的前院保存完整,朝南"巽"字大门,门房是四间楼房,厢房东西各有四间,厅房是歇檐式楼房三大间;过大门是后院,后院在抗日战争时期毁于日寇飞机的轰炸。西院东西厢房损毁,其余还保存原来的风貌。南向的"巽"字大门内有两个小门,门房是四间楼房,西厢房是四间平房,歇房式厅房有三大间,东侧通往后院有夹道砖墙门	西院门楣题字"明经第";通往后院的门额题字"诚正"
连通重院	贺家巷东侧	并列两院,门外有上马石和拴马桩,以及狮子石门墩,和高家巷的南北二重四合院连通。前院南边为四间门房,安装屏风门及帘架,房内有六扇屏风隔断。厢房东西各为四间。北边为厅房,厅房是三大间楼房,楼上、楼下都安装有雕刻的屏风门。西边与贺家巷的一处四合院连通	并列两院门楣题字"诗礼传家""耕读传家";连通院落门楣题字"诗书第";过厅后门两侧题字"仙露""明珠"

　　四合院作为一种居住建筑格局,不仅为人的居住创造了舒适、祥和的环境,还是我国传统文化的载体,四合院中蕴藏着我国建筑和民俗民风的文化内涵。在整体营造上,四合院集中体现了我国古典建筑环境学和传统建筑理论;在外部整体雕刻、绘画和内部细致的装修上,也体现了我国各地不同的风俗习惯和传统文化。四合院淳朴而典雅,给人安静、祥和的感受,如同一座传统文化的殿堂。

2.4.2　四合院的空间形态

　　四合院,顾名思义就是四边围合起来的院落,主要由厅房、门房和两边的厢房组成。四合院的平面分为正方形和长方形两种,其中正方形又称为“一颗印”。四周的房屋朝外边的墙不开窗户,取意为财气不外泄,实则是为了安全。院落的方向由厅房决定,厅房所对的方向就是该院落的方向。厅房一般朝正南或者正东。根据院落的朝向不同,可分为南北院落和东西院落。大门一般为“乾”字门、“巽”字门等。一个四合院可以容纳祖孙三代人生活(见图 2.20)。

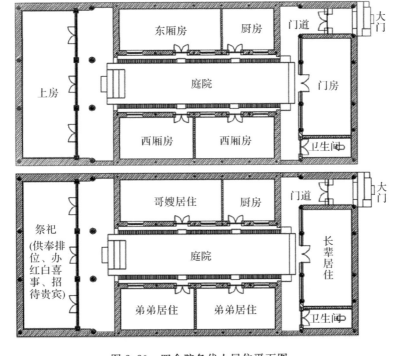

图 2.20　四合院各代人居住平面图

四合院中四个方向的房屋以厅房为首,厢房为左右两臂,门房为足。这样的拟人化寓意合家欢乐、健康平安、吉祥如意。四合院建筑基本都为砖木结构,坚固耐用。墙体较厚,冬季可以挡风御寒,有良好的保温作用,夏季可以隔热。典型四合院立面示意图见图2.21。

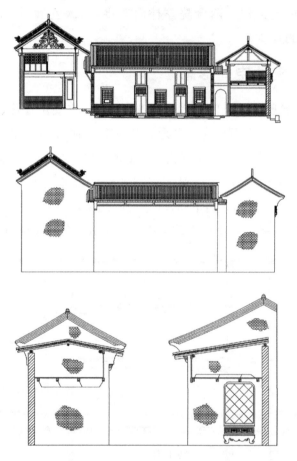

图2.21   典型四合院立面示意图

1.厅房

受中国传统封建观念的影响,四合院中以厅房为主,门房为宾,有贵主配贤宾之意,体现了主宾有别。厅房是上房,用五兽六脊装饰房顶用来镇宅,一般都为高大宽敞的三间房屋,多数为硬山顶歇檐式,也有悬山顶歇檐式。檐柱外露,内方外圆,寓意为人处世对内要严以律己,对外要圆通待人。前檐满间安装四扇屏风门,屏风上面通透,下边多为浮雕,有门窗兼备的作用,一举两得。也有少数厅房是楼房,楼上安装四扇或者六扇门,楼下安装四扇屏风门,次间安装窗户。厅房一般是用来供祖祭祖和接待贵宾、摆席设宴的地方,房屋正中间一般放置祖先牌位和祭祀用的东西。厅房内一般不居住人,即使要住人也是在次间居住,中间必须是祭祀祖先的地方。这种祭祀祖先的传统在四合院中的反映,体现了中华民族尊敬祖先的传统美德和韩城人民纯朴的民风。

2. 厢房

四合院中,厢房位于厅房的两侧,一般为平房或者楼房。开间多为四间,两居室。也有的大户人家有五间,甚至多达八间。两侧厢房门对门,窗对窗,门窗相对有夫妻和睦相处之意。厢房如果是楼房,一般楼上为储物的地方,楼下为居住的地方,这样可以做到一房两用,而且房屋较高,夏季可以隔热,冬季可以保暖,非常舒适。厢房一般为晚辈居住,体现长幼有别。一般是兄住东或北方向,弟住西或南方向,约定俗成,分家产也按此约定,可以避免纠纷发生,可见前人的良苦用心。

3. 门房

门房大多为楼房,一般是五个开间,因此称为门房。门有"四正门"和"四隅门"之分。四合院中门房的设计很是讲究,按照八卦方位,位于离、坎、震、兑方位的称为四正门,位于巽、乾、艮、坤方位的称为四隅门。大门根据院落的需要而开,选择吉利的方向。在封建社会,只有那些官宦大户人家才有资格开中门,而且按照不同的级别,门前可以栽旗杆斗子,而普通老百姓是不可以开中门的。门房是长辈居室,长辈在门房可以很方便地看到院落的整个情况。长辈在这里观察家中的各种情况,以及时解决问题。门房也是接待宾客的地方。

4. 大门和门道

大门是四合院的门面,也是四合院的入口,建筑装饰十分讲究,采用木、石、砖雕刻装饰,雕饰富有寓意,耐人寻味,气派而浑厚,华贵而朴实。大门外一般设有上马石、拴马桩或者拴马环,因此大门又被称为"走马门楼"。大户人家门外雕刻有垂花,又称"垂花门楼"。门额都有题字,门楣题字的内容反映了主人的文化修养、精神面貌、理想追求等,而且门楣题字大多出自名家手笔,也是对书法艺术一个很好的展示。四合院中展现的传统建筑艺术见图 2.22。

图 2.22　四合院中展现的传统建筑艺术

2.4.3　装饰艺术

　　四合院的内部装饰也十分讲究，经历多年的改进和完善，这些装饰不仅美观，而且实用。门外一般都挂有门帘的帘架，帘架上部为长方形，是由几个不同的图形组成的四方连续图案，下部是两条支撑腿，固定在门框的荷叶墩上。上面的两端雕刻有龙头，故称"龙头帘架"。在帘架上按照不同季节的需要分别挂上布帘或者竹帘。一般夏季挂竹帘可以遮阳、透风，还可以有效地防止蚊子进屋；冬季挂布帘可以抵御风寒，有效地起到保温的作用。也有人在门外还安装了一层上透下实的风门，上部为几何形窗棂的格子，下部为各种浮雕的装饰板。窗外的棂条组成的亮格称为"窗亮子"，两边用拴斗固定，方便装卸。亮格子按照不同的季节粘贴上纸或者纱。一般夏季装纱，不但通风透气，还可以防蚊虫；冬季糊上纸后，可以防风保温。逢年过节办喜事，可以在亮格子上粘贴当地特色的剪纸和窗花，增添喜庆欢乐的气氛。

　　门楣题字也是韩城四合院装饰艺术的一大亮点。门楣,亦称门额,是人们置于住宅大门门框上的木质或砖雕或石刻的匾额,也就是民居门楼题字。无论是老的四合院,还是新宅院都有给门楣题字的传统。走遍韩城的大街小巷可以看到新村宅院也都做出了像老村一样写着祝福或志向的门楣,内容几乎没变,只是少数人家换成了家和万事兴、厚德载物、平安为福、吉祥如意等,所用的材料和形式已经与之前不同。韩城四合院门楣题字见图 2.23。

图 2.23　韩城四合院门楣题字

■2.5　传统建筑现状统计

　　在调研过程中,通过实地考察调研和在当地人民政府、文化局、城建局等相关部门的配合下,对韩城受保护的传统建筑和古城的街房、民居建筑群进行了分类统计,统计过程中发现不同时期的建筑都有自己独特的形式和文化,这与当时的历史、政治、经济以及人们的生活习惯都有一定的关系。这些传统建筑折射了一个时期当地的社会发展状况。

　　韩城古城传统建筑及遗址保护状况统计如表 2.4 所示。

表 2.4 韩城古城传统建筑及遗址保护状况统计

序号	名称	公布批次	公布时间	位置
国家级文物保护单位名单(3处)				
1	韩城文庙(明)	第五批国保	2001.6.25	韩城市金城区学巷东端
2	韩城城隍庙(明)	同上	同上	韩城市金城区隍庙巷东端
3	韩城北营庙(元)	第六批国保	2006.5.25	韩城市金城区金城大街北段西侧 258 号
省级文物保护单位名单(11处)				
4	韩城九郎庙(元—清)	第四批省保	2003.9.24	金城区金城大街北段东侧
5	东营庙(明)	同上	同上	金城区隍庙巷东端
6	庆善寺(清)	同上	同上	金城区金城大街中段
7	毓秀桥(清)	同上	同上	金城区南关
8	吉灿升故居	第五批省保	2008.9.16	金城区箔子巷东段
9	韩城苏家民居	同上	同上	金城区西环路
10	韩城高家祠堂	同上	同上	金城区北营庙巷
11	韩城解家民居	同上	同上	金城区箔子巷
12	韩城古街房 10 号	同上	同上	金城大街中段
13	永丰昌(酱园)旧址	同上	同上	金城大街北段
14	韩城郭家民居	同上	同上	金城大街南段
市级重点文物保护单位名单(14处)				
15	闯王行宫(明)	第一批重点市保	1998.2.25	金城区南大街中段西侧
16	县衙大堂(清)	同上	同上	金城区书院街
17	状元楼(清)	同上	同上	金城区金城办大院
18	龙门书院(清)	同上	同上	金城区书院街
19	陵园金塔(金)	同上	同上	金城区陵园内
20	英村东哨门洞楼(清)	同上	同上	金城区英村
21	半坡福寿坛(民国)	同上	同上	金城区东北半坡
22	西彭悟真观(清)	同上	同上	金城区西彭村
23	涧南村南三义庙(元)	同上	同上	金城区涧南村
24	庙后二郎神庙(明)	同上	同上	金城区庙后村

序号	名称	公布批次	时间	位置
25	东彭关帝庙(下庙)(清)	同上	同上	金城区东彭村
26	中苏村杜家祠堂木牌坊(清)	同上	同上	金城区中苏村
27	涧南学校戏台(清)	同上	同上	金城区涧南村
28	北苏村雷令公墓(宋)	同上	同上	金城区北苏村
第三批市级重点文物保护单位名单(2处)				
29	韩城古城区街房建筑群(明、清)	第三批重点市保	2003.9.1	韩城市金城区古城区(共57户)
30	韩城古城区民居建筑群(明、清)	同上	同上	韩城市金城区古城区(共80户)
市级一般文物保护单位名单(11处)				
31	土门口三官庙(清)	市保	2003.9.1	金城区土门口村
32	马公祠(清)	同上	同上	金城区薛曲村
33	范村关帝庙(清)	同上	同上	金城区范村
34	段家堡塔(清)	同上	同上	金城区段家堡
35	赵家砦财神庙(清)	同上	同上	新城区赵家砦
36	龙泉寺(唐)	同上	同上	金城区龙泉寺
37	颜家沟关帝庙(清)	同上	同上	金城区颜家沟
39	南涧西砦关帝庙(清)	同上	同上	金城区南涧西砦
40	涧南村北三义庙(清)	同上	同上	金城区涧南村
41	东彭上庙(清)	同上	同上	金城区东彭村
古城区共有各级、各类文物保护单位41处				

古城街房、民居建筑群保护状况统计如表2.5所示。

表 2.5　古城街房、民居建筑群保护状况统计

门牌号	年代	保护状况		坐落位置
		重点保护	一般保护	
251 号	明清	街房五间	至后院东方墙外	金城大街北端东侧
273 号	清	街房五间，北房四间，南房四间，东房三间	一连两院，整个院落	金城大街北段东侧
275 号	明清	街房五间	至房屋外墙根	金城大街北段东侧
305 号	明清	街房三间	整个院落	金城大街北段东侧
307 号	明清	街房五间，上房五间，南北厢房各四间	整个院落	金城大街北段东侧
无号	明清	街房三间，过庭三间，南北厢房各四间	整个院落	金城大街中段中侧
193、195 号	明清	街房五间，院内东房三、五间	东至小院内	金城大街中段东侧
209、211、213 号	明清	街房五间	东至小院内	金城大街中段东侧
215 号水井一眼	明清	街房五间，过庭五间，后院北房四间	整个院落	金城大街中段东侧
古水井一眼窑洞三孔	明清	街房五间，前过庭三间，前院北厢房三间，前院南厢房三间，中院北房三间，中院南房三间，后过庭三间	整个院落	金城大街中段东侧
219 号	明清	街房五间，后院北房三间	整个院落	金城大街中段东侧
192 号	明清	街房五间，庭院三间，南北厢房各三间	整个院落	金城大街中段东侧
157 号	民国	街房三间	同重点保护区	金城大街南段东侧
155 号	清	街房三间	同重点保护区	金城大街南段东侧

门牌号	年代	保护状况		坐落位置
		重点保护	一般保护	
153 号	清	街房四间,东房五间	整个院落	金城大街南段东侧
137 号 水井一眼	明清	街房三间,东房三间,南北厢房各五间	整个院落	金城大街南段东侧
131 号	明清	街房六间,东房三间,北房五间,南房五间	整个院落	金城大街南段东侧
123 号	明清	街房二、五间	房屋外墙根	金城大街南段东侧
121 号	清	街房四间	房屋外墙根	金城大街南段东侧
117 号	清	街房三间	房屋外墙根	金城大街南段东侧
107 号	明清	街房三间	至后院外墙	金城大街南段东侧
101、103、105 号	清	街房三间	房屋外墙根	金城大街南段东侧
97、99 号	清	街房二间	房屋外墙根	金城大街南段东侧
93、95 号	明清	街房五间,过庭五间,南北厢房各四间	整个院落	金城大街南段东侧
83、85 号	清	街房二间	房屋外墙根	金城大街南段东侧
75、81 号	明清	街房六间	房屋外墙根	金城大街南段东侧
57 号	清	街房三间	房屋外墙根	金城大街南段东侧
51、53、55 号	明清	街房三间	房屋外墙根	金城大街南段东侧

续表

门牌号	年代	保护状况		坐落位置
		重点保护	一般保护	
47、49 号	明清	街房三间	至后小院	金城大街南段东侧
无门牌	清	街房三间,北房六间,西房三间	整个院落	陵园坡底西侧
212 号	明清	街房五间	至后院院落	金城大街北段西侧
228、230 号,原为程家祠堂	明清	街房九间,北院西房三间,南后院西房三间,南后院南房三间,南后院北院三间,南前院过庭三间,南前院南北房各二间	整个院落	金城大街北段西侧
246 号	明清	街房五间,过庭四间,前院南北房各二间,后院南北房各三间	整个院落	金城大街北段西侧
152 号	清	街房三间	至后院落	金城大街中段西侧
154 号	清	街房二间	至街房外墙根	金城大街中段西侧
156 号	明清	街房三间,后院南北房各六间	整个院落	金城大街中段西侧
158、160、162、164、166 号	明清	街房八间,后院西房三间,后院南房五间	整个院落	金城大街中段西侧
168 号	明清	街房五间,上房三间,南北厢房各三间	整个院落	金城大街中段西侧
170、172 号	明清	街房五间,后院西房五间,后院南院三间,后院北房四间,过庭三间,前院南北房各五间	整个院落	金城大街中段西侧
182、184、186 号	明清	门面房八间	至后院落	金城大街中段西侧
198、200、202 号	明清	街房八间,北院庭房三间,北院北房四间,北院南房五间,南院西房三、五间,南院南房五间	整个院落	金城大街中段西侧

续表

门牌号	年代	保护状况		坐落位置
		重点保护	一般保护	
204、206、208 号	明清	街房五间,庭房五间,南北厢房各七间	整个院落	金城大街中段西侧
无号	明清	街房五间	至后院	金城大街中段西侧
80 号	明清	街房四间,南厢房五间	整个院落	金城大街南段西侧
94 号	明清	街房五间,过庭五间,南北厢房各五间	整个院落	金城大街南段西侧
古水井一眼 98、100、102 号	明清	街房四间,西房四间,南北厢房各五间	整个院落	金城大街南段西侧
106 号	明清	街房十间,北院南房五间,北厢房五间,西房十间,南院南厢房五间	整个院落	金城大街南段西侧
南街老药店 水井一眼 108 号	明清	街房五间,南房五间,北房五间,上房七间	整个院落	金城大街南段西侧
110 号	明清	街房十间,南房五间,北房五间,西房十间	整个院落	金城大街南段西侧
254 号	清	街房三间,上房三间,南北各五间	整个院落	金城大街北段西侧
134、136、138 号	明清	街房三间,上房三间,南北厢房各五间	整个院落	金城大街南段西侧
148 号	明清	街房三间	房屋外墙根	金城大街南段西侧
85 号	清	街房四间	至后院院落	西街北侧
80、84、86 号	清	街房五间,南房五间	整个院落	西街北侧
88、92 号	清	街房五间	至房屋外墙根	西街北侧
87、89、91 号	清	街房七间	至房屋外墙根	西街北侧
40 号	清	街房三间,庭房三间,东西厢房各四间	整个院落	西街北侧
55 号	清	街房八间	整个院落	西街北侧
56 号	清	北厅房五间,南厅房七间,西房三间	整个院落	西街北侧

门牌号	年代	保护状况		坐落位置
		重点保护	一般保护	
255、257、259 号	明清	街房三间,过厅三间,南北房各三间	整个院落	金城大街北段东侧
12 号	明清	门房五间,厅房三间,东西厢房各四间	至整个院落外墙	陈家巷
俗名九间厅无门牌	清	九间厅	整个前后院	西环路东
原彰耀寺	元明	北房三间,西房五间,东房四间	整个院落	书院街西端
原县令住所	清	窑洞一孔	整个院落	书院街
现巡警占用	明清	东厢房五间,西厢房三间,南房三间	整个院落	杨洞巷
5 号	明清	门房三间,南房五间,东西厢房各四间	整个院落	杨洞巷
9 号	清	门房三间,东西厢房各四间	整个院落	杨洞巷
6 号	清	庭房三间,西房三间,小院东北房各三间	整个院落	天官巷
10、11 号	明	门房四间,上房五间,东西厢房各三间	整个院落	陈家巷
1 号,原为高家祖祠	明清	门房五间,东西厢房各三间	整个院落	陈家巷
2 号,有水井	明清	上房三间,南房三间,东西房各三、五间	整个院落至前小院	陈家巷
13 号,有水井	明清	门房四间,厅房三间,东西厢房各四间	整个院落	高家巷
11 号	明清	门房五间,过厅三间,东西房各四间	前后整个院落	高家巷
12 号,过去为当铺院,明进士故居	明清	门房五间,过庭三间,东西房各三间	前后整个院落	高家巷
原为高家祠堂	明清	西院门房五间,大厅三间,东西厢房各三间,后院南房五间,东西房各二间,北房五间,东院南房三间,北房五间	整个院落	北营庙巷
6 号,明崇祯年间知府高来凤故居	明	门房七间,东房三间	整个院落	北营庙巷

门牌号	年代	保护状况		坐落位置
		重点保护	一般保护	
23 号,明进士、清工部侍郎高辛传东院	明清	厅房五间,南房三间,东西厢房各三间	整个院落	小高巷
22 号,明进士、清工部侍郎高辛传故居	明清	东房三间	整个院落	小高巷
19、27 号,原为当铺院	明清	门房三间,过庭三间,东西厢房各二间,后院北房三间,东西厢房各三间	一连整个院落	小高巷
30 号	明清	门房五间,南北厢房各四间	前后整个院落	大高巷
19 号	明清	厅房三间,门房五间,南门厢房各三间	正院偏院井房院	高家巷
12 号,原为陕西省副省长苏资琛故居	明清	厅房三间,门房五间,东西厢房各三间	整个院落	小高巷
状元宅第即万字院南院	明清	南东院南房三间,东房三小间;南中院东西房各三小间;南西院东房三间,西房二间	院墙以内	薛家小巷
无号	清	图书楼五间,西大厅三间	院墙以内	书院街
2 号	明清	门房五间,厅房三间,东西厢房各三间	前后院墙以内	薛家小巷
10 号	明	门房一小间,小门楼一间,北房五间,东西房各三间	院墙以内	解家巷
12 号	清	门房五间,厅房三间,东西厢房各四间	前后院墙以内	草市巷
3 号	清	门房三间,庭房三间,东院南北房各二间	正院偏院	张家巷
10 号,明万历知州故居	明	门房五间,东西房各四间	院墙以内	张家巷
14 号	明	门房五间,东西厢房各六间	院墙以内	张家巷
24 号	明	门房五间,庭房三间,东西厢房各四间	院墙以内	张家巷
26 号	清道光	门房五间,庭房三间,东西厢房各四间	院墙以内	张家巷

门牌号	年代	保护状况		坐落位置
		重点保护	一般保护	
30号	明清	门房五间,庭房三间,东西厢房各四间	院墙以内	张家巷
21号	明	门房五间,庭房三间,东西厢房各四间	正院东小院 院墙以内	箔子巷
31号	明	门房五间,东西厢房各四间	前后两院 院墙以内	箔子巷
44号	清	门房五间,东房六间,西房六间,南房三间	院墙以内	箔子巷
2号,原莲池大队部	清	门房五间,厅房三间,南房三间,西房五间	院墙以内	箔子巷
65号,门前有栓马桩,名人吉灿升故居	明清	门房六间,庭房三间,东西厢房各四间,小门楼一间	院墙以内	箔子巷
67号,门前有栓马桩,名人吉灿升故居	清	门房五间,厅房三间,东西厢房各四间,后院西房二间	前后院 院墙以内	箔子巷
66号,王鸿飞故居,院内石碑一通	清 雍正	门房四间,东西厢房各四间	院墙以内	箔子巷
64号,王鸿飞故居	清	门房四间,东西厢房各四间	院墙以内	箔子巷
32号	清	北房五间,南房四间,东西厢房各四间	院墙以内	新街巷
5号,程仲昭故居	清	门房五间,过庭五间,后厅五间,抱亭一座,东西走廊各一间	院墙以内	新街巷
33号,程仲昭故居	清	门房五间,东西厢房各四间	院墙以内	新街巷
程家中院	清	南房三间	整个院落	新街巷
39号,程家东院	清	厅房三间,东西厢房各四间	院墙以内	新街巷

门牌号	年代	保护状况		坐落位置
		重点保护	一般保护	
6 号,程家中院	清	北房南房各三间	院墙以内	崇义巷
7 号,程家北东院	清	门房五间,南房三间,东西厢房各四间	院墙以内	崇义巷
程家北西院	清	西房东房各三间	院墙以内	崇义巷
12 号	清	门房五间,厅房三间,东西厢房各三间	院墙以内	南营庙巷
11 号	清	门房三间,东西厢房各三间,后院庭房五间	前后院院墙以内	南营庙巷
9 号	明清	门房四间,厅房三间,东西厢房各四间	院墙以内	南营庙巷
12 号,明崇祯吏部官员卫先范故居	明	门房五间,北房三间,西房四间	院墙以内	卫家巷
7 号	清	庭房三间,门房三间,南房三间,北房三间	院墙以内	卫家巷
—	明	哨门楼	外延 5 米	卫家巷
16 号	清	门房五间,后厅房五间,东西厢房各三间,后院厢房六间	院墙以内	吴家巷
22 号	清	门房五间,南北厢房各三间,西厅房二间,小后门一小间	院墙以内	吴家巷
6 号	明	砖砌门楼一座,正院门楼三间,东西厢房各三间,厅房五间,窑洞三孔	前后整个院落	上长巷
6 号	清	门房五大间,西房五大间	前后院院墙以内	大官巷
37 号	清	门房四间,厅房三间,南北房各三间	院墙以内	学巷
11 号	清	厅房三间,门房四间	院墙以内	学巷
1 号	清	厅房五间,东西房各三间	院墙以内	狮子巷
16 号	清	门房五间,过厅三间,后厅三间,东西厢房各三间	前后院墙内	狮子巷
7 号	清	门房五间,厅房三间,东西厢房各四间	院墙以内	弯弯巷

门牌号	年代	保护状况		坐落位置
		重点保护	一般保护	
20 号	清光绪	门房四间，厅房三间，南北厢房各四间	院墙以内	弯弯巷
19 号	清	厅房三间，东西厢房各四间	院墙以内	弯弯巷
31 号	清	门房五间，厅房三间，东西厢房各三间	正院小后院院墙以内	隍庙巷
3 号	清	厅房三间，东西厢房各三间	院墙以内	九郎庙巷
私塾	清	门房五间，上房三间，东西房各三间	院墙以内	九郎庙巷
祠堂	清嘉庆	门房四、五间，上房三间，东西房各三间	院墙以内	九郎庙巷
11 号，解元高步月故居	清	哨门一座，大门楼一间，亭门一间，东西厢房各三间	前后院墙以内	九郎庙巷
26 号古井一眼	清	门房五间，厅房三间，东西厢房各四间	院墙以内	九郎庙巷
27 号	清	门房五间，庭房三间，东西厢房各四间	院墙以内	九郎庙巷
16 号，名人故居	明	门房五间，东西厢房各三间	院墙以内	强家巷
39 号	清	庭房五间，南院东西房各五间，北院东西房各四间	前后院落	北关东街
18 号	清	门房六间，庭房三间，西厢房四间	院墙以内	城北巷
9 号	清	庭房三间，门房五间，东西厢房各三间	院墙以内	城北巷
9 号	清	门房五间，庭房三间，南北厢房各三间	院墙以内	城北后巷
21 号	清	门房五间，北房四间，门前照墙一座，绣楼一座，东北小楼一间	整个院落至照墙	城北后巷
83 号	清	庭房三间，东西厢房各四间	院墙以内	草市巷
14 号水井一眼	清	门房五间，庭房三间，东西厢房各三间	院墙以内	西营庙巷
20 号	清	门房五间，西厢房二间，南房三间	院墙以内	学巷
2 号	清	门房五间，东西房各三间	院墙以内	天官巷
5 号，带有小后院	清	门房五间，东西厢房各四间	院墙以内	西马道巷

2.6　小结

古城传统建筑是韩城人民的宝贵财富,它体现了韩城一个时期的建筑文化,也反映了韩城人民的生活习惯和审美情趣。古城这样的历史街区,提供了韩城人民古时的经济、文化交流的场所,在其中蕴藏了许多当地特色的传统文化。这些传统建筑便自然地成为进行传统文化交流活动的空间和场所。有了这样一些本身就很有文化底蕴的传统建筑,传统文化才能更好地发展和发扬。

参考文献

[1] 边文娟. 城市修补背景下的老城区建筑色彩演变与更新策略研究:以深圳南头古城为例[J]. 现代城市研究,2021(10):73-79.

[2] 徐颖聪. 安庆古城历史文化街区中的传统建筑元素修缮技术[J]. 中外建筑,2020(7):49-51.

[3] 秦欢. 韩城古城城市与建筑肌理研究[D]. 西安:西安建筑科技大学,2020.

[4] 王滢,罗兰. 嘉兴古城风貌与传统建筑文化资源整合提升研究[J]. 建筑与文化,2020(5):156-158.

[5] 井粤婷. 阆中古城的建筑艺术风格研究[J]. 美与时代(上),2019(5):28-30.

[6] 彭哲晨. 浅谈现代化进程中的古城保护[C]. 2019 年中国建筑学会建筑史学分会年会暨学术研讨会论文集(下),2019:90-93.

[7] 左沐涟,李彬,高鹏,等. 苏州古城街区传统文化价值分析[J]. 卫星电视与宽带多媒体,2019(10):68-69.

[8] 杨莉. 文庙历史传承及其功能研究的价值及评述[J]. 学衡,2021(1):88-93,327.

[9] 李陆斌,吴国源,蔡楠. 韩城文庙明伦堂结构与空间的关联特征分析[J]. 建筑学报,2021(6):89-94.

[10] 工宏春. 城市更新视角下的历史建筑保护:以珠海市山场北帝城隍庙保护设计为例[J]. 城市住宅,2021,28(4):45-48.

[11] 王建勇. 慈城城隍庙的前世今生[N]. 宁波日报,2021-02-25(10).

[12]冯云华,刘原平.中小型城市历史片区的保护与更新探索:以山西省黎城县城隍庙历史片区为例[J].华中建筑,2021,39(1):91-94.

[13]郑翌,张万昆.传统四合院建筑空间场所精神的探寻[J].明日风尚,2020(20):172-173.

[14]张冠峰,胡雪松.北京四合院更新中差异并置手法研究[J].遗产与保护研究,2019,4(4):95-99.

[15]刘杏服.简析北京传统四合院的建筑特点与文化内涵[J].居舍,2019(4):70.

[16]柳旭.从传统四合院看中国文化的特点[J].大众文艺,2018(24):101.

[17]宗瑜璐.北京旧城四合院建筑形态和空间再生策略探讨[J].明日风尚,2018(18):361.

[18]赵玺.北京传统四合院的绿色营建经验在当代民居更新改造中的应用[D].西安:西安建筑科技大学,2018.

[19]孙烨,谷文静,张倩倩.北京四合院地域文化特征及个性化可持续发展研究[J].住宅与房地产,2017(35):6.

[20]马嘉.北京及周边地区传统民居建筑营造语汇的现代表达[D].北京:北京交通大学,2017.

[21]杨桦.北京四合院的建筑模式与发展的研究[D].郑州:华北水利水电大学,2017.

[22]王伟.传统建筑文化的传承与发展[J].大众文艺,2013(9):109-110.

[23]杨正福,高永青.扬州与世界名城比较研究[M].南京:东南大学出版社,2014.

第 3 章

非物质文化遗产

悠久的历史赋予了韩城古城浓厚的文化底蕴,这些文化中有许多是优秀的非物质文化遗产,经过历史的锤炼形成了特色鲜明的文化形式。非物质文化遗产反映了一个区域一定历史背景下当地人的生产方式、民俗风情以及审美价值,它犹如一座城市的灵魂,深深地蕴藏在城市中。我们只有更多更好地发掘它,才能更好地了解一个地域的文化,才能品味这些文化中的精彩内容。

▪ 3.1 相关概念

3.1.1 非物质文化遗产的定义

遗产指一种继承关系,是死者留下的财产或历史上遗留下来的精神财富或物质财富。构成遗产至少应具备三个要件,即遗留物、继承原则、继承者的责任与义务,三者配合起来才构成遗产定义的框架。就遗产的本意而言,遗产是个人的、家族的、宗族的、村落共同体的、族群的,遗产属于继承者。就非物质文化遗产而言,属于它的创造和继承者——某一个人、家族、宗族、村落共同体或族群①。

1.文化遗产

文化遗产是指人类社会传承下来的人类在生产、生活中所创造的一切优秀的标志着一个国家和民族所取得的历史文化成就。文化遗产可分为物质文化遗产和非物质义化遗产两大类(见表 3.1)。

---

① 王文章.非物质文化遗产概论[M].北京:文化艺术出版社,2006:48-75.

表 3.1　物质文化遗产和非物质文化遗产分类

物质文化遗产	建筑群	从历史、艺术或科学角度看,在建筑式样、分布或环境景色方面,具有突出的普遍价值的独立或连接的建筑群
	遗址	从历史、审美、人种学或人类学角度看,具有突出的普遍价值的人类工程或人与自然的联合工程,以及考古地址等
	文物	从历史、艺术或科学角度看,具有突出的普遍价值的建筑物、碑雕和碑画,具有考古性质成分或结构的铭文、窟洞以及联合体
非物质文化遗产	口头传说、传统表演艺术	
	民俗活动和礼仪与节庆	
	有关自然界和宇宙的民间传统知识和实践、传统手工艺技能	

2. 非物质文化遗产概念的发展

从 1972 年《保护世界文化和自然遗产公约》中提出"世界遗产"的基本概念,到 1989 年联合国教科文组织《保护民间创作建议案》以"民间传统文化"来指代现在"非物质文化遗产"的概念,再到 2003 年联合国教科文组织《保护非物质文化遗产公约》界定了"非物质文化遗产"的概念,并详细列出了非物质文化遗产所包括的范围,非物质文化遗产概念已经明确,关于非物质文化遗产的保护和相关的立法已经相对完善,全球参与非物质文化遗产的保护工作达到了新的阶段和更高的水平(见表 3.2)。

表 3.2　非物质文化遗产概念的发展

时间	相关条约	内容
1972	《保护世界文化和自然遗产公约》	提出了"世界遗产"的概念
1989	《保护民间创作建议案》	以"民间传统文化"来指代现在"非物质文化遗产"的概念
1998	《人类口头和非物质遗产代表作条例》	界定了"人类口头和非物质遗产"的含义,基本上使用了对"民间传统文化"的定义
2003	《保护非物质文化遗产公约》	界定了"非物质文化遗产"的概念、非物质文化遗产所包括的范围,还通过了"申报书编写指南"

续表

时间	相关条约	内容
2005	《国务院关于加强文化遗产保护的通知》	把非物质文化遗产定义为:各种以非物质形态存在的与群众生活密切相关、世代相承的传统文化表现形式,包括口头传统、传统表演艺术、民俗活动和礼仪与节庆、有关自然界和宇宙的民间传统知识和实践、传统手工艺技能等及上述传统文化表现形式相关的文化空间
2006	《国务院关于公布第一批国家级非物质文化遗产名录的通知》	录入名录的非物质文化遗产为民间故事、歌谣、音乐、舞蹈、戏剧、曲艺、杂技、美术、手工技艺、传统医药、习俗等十几类传统文化形式

3. 非物质文化遗产概念的内涵

非物质文化遗产的概念界定,经历了一个不断改进和完善的过程。根据 2003 年联合国教科文组织在巴黎第三十二届会议通过的《保护非物质文化遗产公约》中的定义,非物质文化遗产指被各群体、团体、有时为个人视为其文化遗产的各种实践、表演、表现形式、知识和技能及其有关的工具、实物、工艺品和文化场所。非物质文化遗产的相关公约和界定见表 3.3。

表 3.3　非物质文化遗产的相关公约和界定

时间	相关条约	非物质文化遗产范畴
2003	《保护非物质文化遗产公约》	①濒危的古语言文字;②口述文学和传统戏剧、曲艺、音乐、舞蹈、绘画、雕塑、杂技、木偶、皮影、剪纸等;③传统工艺美术技巧;④传统礼仪、节日、庆典和游艺活动等;⑤与上述各项相关的代表性原始材料、实物、建筑、场所;⑥其他需要保护的特殊对象
2005	《国务院办公厅关于加强我国非物质文化遗产保护工作的意见》	①口头传统,包括作为文化载体的语言;②传统表演艺术;③风俗活动、礼仪、节庆;④有关自然界和宇宙的民间传统知识和实践;⑤传统手工艺技能;⑥与上述表现形式相关的文化空间,文化空间即定期举行传统文化活动或集中展现传统文化表现形式的场所
2006	《国务院关于公布第一批国家级非物质文化遗产名录的通知》	民间故事、歌谣、音乐、舞蹈、戏剧、曲艺、杂技、美术、手工技艺、传统医药、习俗等十几类传统文化形式

　　非物质文化遗产是世界各民族生产活动中产生的和生活密切相关的传统文化表现形式和文化空间。它是人类发展的历史见证，是优秀民族传统文化的载体，是对历史回忆的影片，也是重要的文化资源。

　　结合非物质文化遗产的概念，经过分析研究，我们将非物质文化遗产分为三个大类：无形的传统生活方式；无形的生物信息或遗传信息的有形的生物资源；无形文化内涵的有形文化遗产①。非物质文化遗产的理论分类见表 3.4。

表 3.4　非物质文化遗产的理论分类

形式	理论分类	非物质文化遗产范畴
无形的传统生活方式	民间文学艺术表达（包括创作和表演）	民间故事、史诗、传说、诗歌、神话、谜语或其他叙述形式；民间音乐、歌曲、戏曲、戏剧和器乐、民间版画和绘画；民间手工艺，包括雕刻、雕塑、陶艺、镶嵌、木工、编织、剪纸、刺绣、纺织以及服装、地毯等其他用品的设计和装饰；民间舞蹈、游戏，以及传统庆典、仪式和礼节的表演
	民族传统科技知识	民族传统知识和技艺，包括传统农业知识、畜牧知识、狩猎知识、医药和医疗知识、与保护环境和生物多样性有关的传统生态知识、传统服装或织布的制作和印染技术、食品制作技术等
	民族传统标记（包括符号和名称）	传统标记、符号和名称
	传统生活方式	传统的生活方式、本土风格；习俗、风俗、（实质或目的意义上的）仪式和礼节、各民族的宗教；部族内部争端解决的方法和管理方法；各民族的语言文字；用手语表示数字的方法
无形的生物信息或遗传信息的有形的生物资源	与民族传统科技知识相关的生物资源	（与医药、农业和生态等科学技术知识相关的）生物资源
无形文化内涵的有形文化遗产	与无形传统文化密切相关的有形载体	与传统手工艺相关的手工艺品，如木刻、石刻、陶艺品、绣品、制毯、服饰等，以及与传统文化形式相关的文化场所

---

　　①　顾军.文化遗产报告：世界文化遗产保护运动的理论与实践[M].北京：社会科学文献出版社，2005：25－34.

3.1.2　非物质文化遗产的活动空间

非物质文化遗产的产生、发展都离不开一定的活动空间,这些空间提供了非物质文化遗产活动进行的必要场所,对非物质文化遗产的发展、传承和发扬都有特定的作用。非物质文化遗产的表现形式不同,所需要的活动空间也各不相同,例如:以语言载体的非物质文化遗产需要一个安静有氛围的空间;传统表演艺术的非物质文化遗产就需要开辟一定的活动空间、一个场地或者一个舞台;节庆、庙会等风俗活动可能需要一条街道或者庙宇等传统建筑;传统手工技艺需要有特定的生产、制作的空间。这些非物质文化遗产产生、发生、发展的场所就是经过多年来人们共同认可的、约定成俗的活动空间。

3.1.3　国内外相关研究现状简述

1.国外现状

(1)法国。法国的非物质文化遗产保护工作走在世界的前列。早在1964年,法国就在全国进行非物质文化遗产的普查工作,普查工作非常细致,而且历时时间比较长,对全国的非物质文化遗产、遗存进行了彻底的调查,为以后的非物质文化遗产保护工作奠定了很好的基础工作。1967年,法国针对非物质文化遗产的保护专门成立了巴黎大众艺术和传统博物馆,将很多有传统特色和文化内涵的非物质文化遗产陈列出来,让法国人民可以很直观方便地接触这些宝贵的文化资源。法国是世界上最早设立"文化遗产日"的国家,早在1984年,法国就设定每年9月的第三个周末为文化遗产日,这个时候全国所有涉及非物质文化遗产的博物馆、活动场所都会免费开放。这一举动也得到政府和相关单位的大力支持,此后每年法国各界人士和相关组织都积极参与这个活动。由于活动主题鲜明、生动活泼,吸引了越来越多的人。后来法国形成了一套系统的保护非物质文化遗产的标准和管理办法①。

---

① 顾军.文化遗产报告:世界文化遗产保护运动的理论与实践[M].北京:社会科学文献出版社,2005:13-26.

（2）韩国。韩国对全国非物质文化遗产的普查工作也进行得相对较早。在 20 世纪 60 年代就对全国的民间传统文化进行搜集和整理，1962 年针对非物质文化遗产的保护制定了《韩国文化财产保护法》，这部法律的制定提高了人们对非物质文化遗产的重视，也对以后的非物质文化遗产保护工作起到了一定的指导作用。韩国很重视对非物质文化遗产的宣传，在旅游景点和活动场所都有宣传非物质文化遗产的广告。韩国在非物质文化遗产保护的策划方面颇具特色，由传统的非物质文化遗产衍生出丰富多彩、生动有趣的活动，供游客亲身体验，从而加深了人们对非物质文化遗产的印象。许多地方更是设立民俗村、非物质文化遗产的体验场馆，让人们在亲身体验非物质文化遗产的同时得到身心上的放松。

2.国内现状

我国对非物质文化遗产的保护工作开展相对较晚，但是改革开放以来，我国对非物质文化遗产的保护工作加快了进度，制定了非物质文化遗产保护相关的法律法规，形成了一套成熟的保护非物质文化遗产的模式。国内非物质文化遗产保护重要事件见表 3.5。

表 3.5　国内非物质文化遗产保护重要事件

时间	相关决定	内容
2001 年	中国昆曲艺术被列入联合国教科文组织宣布的第一批人类口头与非物质遗产代表作名单	一系列有关非物质文化遗产的教育、研究、抢救工程旋即展开
2003 年	文化部、财政部联合国家民族事务委员会、中国文化艺术界联合会启动"中国民族民间文化保护工程"	中国民间文艺家协会发起了"中国民间文化抢救工程"
2004 年	第十届全国人大常委会第十一次会议表决通过了全国人大常委会关于批准联合国教科文组织《保护非物质文化遗产公约》的决定	确定了"保护为主、抢救第一、合理利用、传承发展"的工作指导方针和"政府主导、社会参与、明确职责、形成合力；长远规划、分步实施、点面结合、讲求实效"的工作原则，决定从 2006 年起每年 6 月的第二个星期六为我国的"文化和自然遗产日"

时间	相关决定	内容
2005 年	颁布了《国务院办公厅关于加强我国非物质文化遗产保护工作的意见》	明确提出非物质文化遗产保护工作的重要意义、工作目标和指导方针,要求建立国家级和省、市、县级非物质文化遗产名录体系,逐步建立比较完备的、具有中国特色的非物质文化遗产保护制度
2006 年	国务院公布第一批国家级非物质文化遗产名录	共计非物质文化遗产 518 项
2008 年	迎来第三个"文化和自然遗产日"	国务院公布第二批国家级非物质文化遗产名录共计 510 项,第一批国家级非物质文化遗产扩展项目 147 项

非物质文化遗产保护模式见表 3.6。

表 3.6　非物质文化遗产保护模式

模式	优点	适合展示内容
展览馆	设施比较完善,保存效果好	载体比较单一,并且对展示的空间环境有一定要求(民间美术等)
情景再现	有较强的视觉冲击力,观赏性强,生动活泼	以舞台为活动载体的非物质文化遗产(民间的喜剧、曲艺等)
节庆游行	展示直观、规模大、内容丰富	地域性、民族性、社会性比较强的民俗活动(民间祭祀、社火、庙会等)
参与体验	参与性强,认识比较直观,印象深刻	可以现场演示、展示,可操作性、参与性比较强(民间传统的手工艺等)

3.2　非物质文化遗产的特征

　　非物质义化遗产是劳动人民在生产生活中经过多年的积累形成的和日常生活密切相关的文化形式,它是劳动人民智慧的结晶,它反映了一个历史时期一个地域的文化,以及人们的生活习惯和审美情趣,承载着人类社会的文明。就其外显的特征而言,非物质文化遗产具有历史积淀性、民族性、地域性、活态性和传承性的特点。

3.2.1 历史积淀性

非物质文化遗产是人类生产生活过程中形成的智慧结晶和文化形式。非物质文化遗产不是短期可以形成的,而是需要长期积累的。它们大多来自人们平常的生活中,有的经历了几十年的磨合和锤炼,有的经历上百年甚至上千年才传承下来。它们包含着劳动人民的生活习性、审美价值以及当时的经济状况、历史文化等方面。正是因为经历了一定的历史时期和许多因素的影响,才形成了各种具有特定历史文化和地域特色的非物质文化遗产。

经过漫长的磨合,智慧的劳动人民将这些因素发展为一种可以代表一个时期和一个地域的文化。韩城锣鼓源于蒙古族军队的军鼓。韩城处于秦晋交界之地,其地理位置有着特殊的战略意义。元代蒙古族军队在这里驻扎,韩城现在的锣鼓就是从军队的军鼓演变而来的(见图3.1)。

图 3.1 韩城锣鼓源于蒙古军队战鼓

3.2.2 民族性

非物质文化遗产有着很强的民族性特点。同一个民族的劳动人民一般都有着共同的信仰、共同的审美意识和价值观。同一个民族都有很强的凝聚力,他们在生产生活中更容易达成一定的默契,形成共识,从而发展他们共同的文化。民族本来就是族群经过漫长的历史时期在一起共同生产生活而形成,具有很强的稳定性。同一个民族本身就有着自己的群众活动,这些群众活动也是形成民族非物质文化遗产的基础,有的群众活动经过一定时期的演变和发展逐渐形成一种特色的文化。同一个民族创造的非物质文化遗产更能代表他们自身的文化特点,也更能体现他们共同的心声。韩城饮食文化中的糊卜就有很强的民族性特点。糊卜的做法是将羊肉做成臊子汤,然后再将烙饼切成丝,在臊子汤里面加热而成。这种做法也是源于元代蒙古族的一种饮食文化。蒙古族的肉食以羊肉为主,过着游牧生活,经常带着烙饼,后来韩城人将吃羊肉和烙饼的习惯演变成今天的糊卜(见图3.2)。

图 3.2　具有民族特色的韩城著名小吃糊卜

3.2.3　地域性

非物质文化遗产是在一定的环境中产生的,特定的自然环境对非物质文化遗产的产生有着很大的影响。在特定的环境下,形成特定的生产方式和民俗民风。一个地方有着特定的政治、经济、文化发展水平,这些因素都制约和影响着非物质文化遗产的发展。在这样特定的环境下创造出来的非物质文化遗产有着典型的地方性,也只有在这种特定的环境中才能形成非物质文化遗产,它代表了一个地域的特色文化,是一个地域发展的缩影。韩城大红袍花椒驰名中外,它不仅是日常生活中的美味调料,还具有很高的药用价值(见图 3.3)。在陕西关中地区,只有韩城这片土地适合生长大红袍花椒。这种花椒在别的地方也可以生长,但就是没有这里生长的品质好。

图 3.3　韩城著名特产大红袍花椒

3.2.4　活态性

民间文化是非物质文化遗产的基础。民间文化源于人们生产生活过程中的积累，是一个民族生活习惯和审美情趣的体现。它们的传承方式大多是口头传承或者是家族式的记忆传承，有的活动时间性很强，只在特定的时期进行。非物质文化遗产属于人类活动的主要范畴，它的传承和文化的延续都离不开人，离开了人，非物质文化遗产就无法正常传承和发展；而

图3.4　韩城横山庙会开展场所

且不同时期的政治、经济也对非物质文化有着一定的影响。非物质文化遗产在不同的时期会不断地变异和创新，具有很强的不确定性，因此非物质文化遗产有很强的活态性。韩城之前有横山庙会，但由于现在年轻人大多在外打工，庙会又有一定的时节性，因此横山庙会失去了往日的热闹景象，逐渐被遗忘（见图3.4）。

3.2.5　传承性

非物质文化遗产要不断地发展和创新，离不开世代的传承活动，离开了人类的传承，非物质文化遗产就会消亡。非物质文化遗产传承的一般形式是口头传授，有的是传子不传女的家族式传承。这种传承方式有着明显的民族性和家族烙印，也为传承带来了一定困难。只有将非物质文化遗产更好地传承和发扬，才能保留住历史和文化活的见证。

各族人民在人类文明发展的长河中创造的非物质文化遗产，集中体现了劳动人民的智慧结晶，从侧面反映了一个地域、一个时期劳动人民的生产、生活方式，也是人们价值观念和审美观念的体现，是人类文明的宝贵财富。非物质文化遗产是现代艺术创作的基础和内在动力之一，也是现代人了解历史的活化石和材料，应该让非物质文化遗产得到更好的传承和发展。

■ 3.3 非物质文化遗产的价值与意义

3.3.1 历史文化价值

非物质文化遗产是我国历史文化重要的一部分,这些来自民间的传统文化是从劳动人民千百年的生产、生活中锤炼出来的。这些非物质文化遗产扎根于民间,根深蒂固。非物质文化遗产中的口头传说、表演几乎可以再现历史。非物质文化遗产和劳动人民的生活紧密联系,真实客观地反映了民间生产、生活状况,也体现了劳动人民的人生观、价值观和审美观,反映了一个民族的文化内涵,是民族精神的载体。例如,韩城古城中的庙会,向我们展示了过去人们逢年过节购物交易的热闹景象;祭祀活动体现了劳动人民祈求神灵保佑的古朴民风;一些饮食文化,也向我们再现了过去劳动人民的生活习惯。司马迁祭祀见图3.5。

图 3.5 具有历史文化价值的司马迁祭祀

3.3.2 民族精神价值

非物质文化遗产深深地蕴藏在各民族中间,是各族人民创造力和智慧的结晶。它们产生于各民族漫长的生产、生活中,是对各民族生活习惯、民俗民风和审美观念的真实再现,具有鲜明的地域性和民族性。非物质文化遗产中优秀的传统技艺、表演得益于民族内部之间的交流和沟通。这个过程不仅可以使民间文化得到更好的完善,还可以增进民族自豪感,增强民族的凝聚力。非物质文化遗产本身具有一定的活态性,它不同于物质性的东西,大多是静止的、不可再生的。它在发展的过程中根据民族的生活习惯会不断地改进、变异和发展。非物质文化遗产的传承一般也是在民族内部甚至家族内部进行世代传承。这些文化遗产的传承和发扬,可以时刻提醒我们记住历史,记住特色的地域文化。

3.3.3　商业价值

非物质文化遗产是一个地域、一个民族文化艺术的结晶，和物质文化相比有自己鲜明的特点。不同于一般自然资源的文化形式，它是一种具有活态性的文化资源，有很强的观赏性和参与性。合理地开发非物质文化遗产资源，将其和旅游产业巧妙结合，可以很好地促进文化产业和旅游产业的发展。非物质文化遗产中的传统表演、传统技艺和祭祀活动，可以让游客亲身体验，并参与到这些文化活动中，改变以往只看不动的传统旅游形式，从而可以增加游客的兴趣，吸引更多的游客。合理开发非物质文化遗产不但可以给当地人带来就业的机会，还可以实现一定的经济收入，这样既可以实现对非物质文化遗产的传承，所得收益又可以使得非物质文化遗产更好地发展和发扬，还能提高当地人民的生活水平（见图 3.6）。

图 3.6　饮食文化的发展带来了一定的经济效益

3.3.4　构建和谐社会

构建和谐社会只依靠科技的进步和经济的发展是不够的，在此基础上还应该协调好全社会的各种人际关系。民族的凝聚力来自文化，一部分文化逐渐发展为各种形式的非物质文化遗产。非物质文化遗产是人民在长期的生产生活实践中日积月累创造出来的，它产生于民间、发展于民间、发扬于民间，体现了民俗民风、道德观念、审美情趣和艺术风格等。要尊重这些源于民间的非物质文化遗产，给其传承发展创造良好的环境，设立适合各种传统文化活动顺利进行的场所，让其可以更好地传承、发展和发扬。在韩城文庙举行的展览见图 3.7。

图 3.7　在韩城文庙举行的展览

3.3.5　社会文化多样性

通信技术的迅速发展,使得全世界范围内信息的即时传播成为现实。经济的飞速发展使得各种产业都在不约而同地全球化。在经济全球化的潮流中,有些传统文化正在被慢慢淹没,有些民俗活动和文化被忽视,甚至处于濒临灭绝的状态。以上现象破坏了全球文化领域的生态平衡,使得人们生活在冰冷的电子信息文化当中,失去了传统的文化,也失去了对历史的记忆。来源于民族生产生活的传统技艺、口述文学、民俗表演等非物质文化遗产应该得到重视。这些文化体现了各个时期、各个民族的知识体系和价值观念,可以加深我们对历史的记忆,对保护文化的多样性有重要的意义。这些语言、音乐、舞蹈、传统技艺等可以给我们更为直观、生动的感受,让我们深刻地了解过去的生产、生活方式。在经济全球化的今天,保护这些文化遗产对于我们维持全球文化领域的生态平衡,保持社会文化多样性有着重要的意义。针对现在人们的生活节奏越来越快的现状,韩城古城专门开辟了几个场地,组织秦腔、秧歌、唢呐等活动,不仅放松了人们紧张的神经,还有利于非物质文化遗产的传承。

3.4　韩城非物质文化遗产项目搜集统计

韩城非物质文化遗产项目分布如图 3.8 所示。

本书的理论基础需要实际调研结果和资料的支撑。通过走访调查和大量的资料搜集,笔者对韩城的非物质文化遗产项目进行了分析整理,在韩城已发现具有保护价值的非物质文化遗产项目 50 个,其中国家级保护项目 2 个,省级保护项目 5 个,渭南地市级保护项目 9 个,韩城市级保护项目 34 个。这些只是目前发现的,还有更多的文化遗存有待人们去发现。

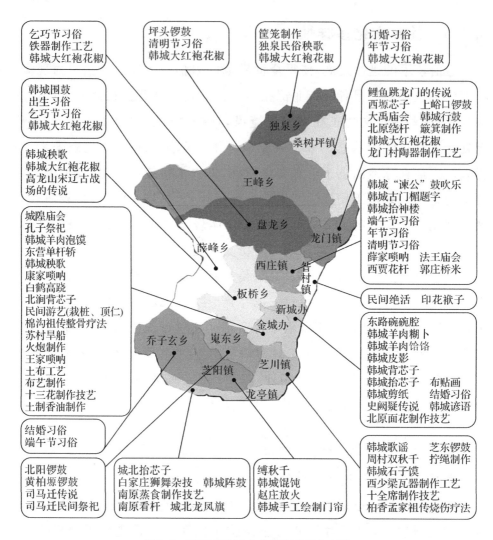

乞巧节习俗
铁器制作工艺
韩城大红袍花椒

坪头锣鼓
清明节习俗
韩城大红袍花椒

筐笼制作
独泉民俗秧歌
韩城大红袍花椒

订婚习俗
年节习俗
韩城大红袍花椒

韩城围鼓
出生习俗
乞巧节习俗
韩城大红袍花椒

鲤鱼跳龙门的传说
西塬芯子　上峪口锣鼓
大禹庙会　韩城行鼓
北原绕杆　簸箕制作
韩城大红袍花椒
龙门村陶器制作工艺

韩城秧歌
韩城大红袍花椒
高龙山宋辽古战
场的传说

韩城"谏公"鼓吹乐
韩城古门楣题字
韩城抬神楼
端午节习俗
年节习俗
清明节习俗
薛家唢呐　法王庙会
西贾花杆　郭庄桥米

城隍庙会
孔子祭祀
韩城羊肉泡馍
东营单杆轿
韩城秧歌
康家唢呐
白鹤高跷
北涧背芯子
民间游艺(栽桩、顶仁)
棉沟祖传整骨疗法
苏村旱船
火炮制作
王家唢呐
土布工艺
布艺制作
十三花制作技艺
土制香油制作

民间绝活　印花袱子

东路碗碗腔
韩城羊肉糊卜
韩城羊肉饸饹
韩城皮影
韩城背芯子
韩城抬芯子　布贴画
韩城剪纸　结婚习俗
史阙疑传说　韩城谚语
北原面花制作技艺

结婚习俗
端午节习俗

韩城歌谣　芝东锣鼓
周村双秋千　拧绳制作
韩城石子馍
西少梁瓦器制作工艺
十全席制作技艺
柏香孟家祖传烧伤疗法

北阳锣鼓
黄柏塬锣鼓
司马迁传说
司马迁民间祭祀

城北抬芯子
白家庄狮舞杂技　韩城阵鼓
南原蒸食制作技艺
南原看杆　城北龙凤旗

缚秋千
韩城馄饨
赵庄放火
韩城手工绘制门帘

独泉乡
桑树坪镇
王峰乡
盘龙乡
薛峰乡
龙门镇
西庄镇
昝村镇
板桥乡
新城办
金城办
乔子玄乡　嵬东乡
芝阳镇　芝川镇
龙亭镇

图3.8　韩城非物质文化遗产项目分布图

（图片来源：韩城市文化馆资料）

韩城非物质文化遗产保护项目如表3.7所示。

表 3.7　韩城非物质文化遗产保护项目

保护等级	项目名称	简介	相关照片图片
国家级	韩城行鼓	韩城行鼓,俗称"挎鼓子",在韩城传布极广。历史上,几乎大一点的村庄都有自己的锣鼓队,不论逢年过节,还是求神祈雨,总能听到激昂的锣鼓声。其典型鼓谱有《老虎磨牙》《钉圪巴》《肚里痛》《上坡》《走坡》《呆锣子》《司鼓子》《摘豆角》《铁树开花》《大秧歌》《干砸》等十多种,有表现气势的,也有表现技巧的	
国家级	韩城秧歌	韩城秧歌是一种融民歌、说唱、舞蹈为一体,并向戏曲衍化,具有戏曲雏形的说唱形式,俗称"对对戏"。内容包罗万象,包括历史传奇、神话传说、民俗风情、民间故事等。其曲调现存 117 种,归纳起来有 50 余首。曲体大致可分为三种类型:一是说唱音乐,即一种具有说唱性的叙事体;二是保留原民歌形态的结构形式,专曲专词;三是曲牌联套的结构形式。曲牌联套的结构形式与元杂剧的雏形"诸宫调"类似,其说、唱、表演兼而有之,具有独特的艺术价值,是中国民间音乐艺术宝库中的奇葩	
省级	司马迁民间祭祀	司马迁民间祭祀是陕西韩城徐村司马迁后裔特有的祭祀活动,它的产生、发展与我国伟大的史学家、文学家司马迁息息相关、密不可分。祭祀活动自西汉形成以来,至今已有 2000 多年的历史。 2000 多年来,司马迁民间祭祀相承延续,独特的习俗在中国大地上绝无仅有、独一无二。其独特的祭奠形式本身就具有一种强大的凝聚力,营造了一种安定、祥和的社会氛围	

保护等级	项目名称	简介	相关照片图片
省级	韩城抬神楼	韩城抬神楼是韩城特有的民间艺术表现形式，被誉为"社火之王"，是全国独一无二的社火奇葩。 大型舞诗剧《华山魂》中的"祈雨"一场就把韩城抬神楼搬上了舞台。抬楼人就是韩城的庄稼汉，他们原汁原味的表演引起了观众的强烈共鸣。1996年韩城抬神楼参加全国锣鼓擂台赛，荣获最佳气势奖。2005年，韩城抬神楼参加纪念司马迁诞辰2150周年"风追司马"大型电视直播活动，同年11月参加大型电视文化行动《唐师曾走马黄河》的拍摄及渭南市建市十周年大型社火舞诗《华山魂》演出。2007年被列入陕西省第一批非物质文化遗产名录	
省级	韩城"谏公"鼓吹乐	韩城"谏公"鼓吹乐是韩城市西庄镇杨村王门后裔尊神敬福的一种独特表演形式，古韵古味，优雅动听，独具一格。"谏公"曲谱由来已久，清顺治年间，王姓家族每年春节正月初一祭拜祖先，在祖先牌位前演奏此曲，以示不忘祖恩。康熙年间，因天下安定，王姓人丁兴旺，生活富裕，祭祖时感到乐曲单调，乐器破烂，后增添铙、钹、云锣、小镲等乐器，经过精心探讨，将曲谱起名曰"谏公"（即尊长之意）	

保护等级	项目名称	简介	相关照片图片
省级	韩城古门楣题字	古门楣题字在韩城由来已久,蔚为风气,而且流风余韵,至今不衰。古门楣广泛分布于韩城的村村落落,其中主要在金城区(老城)、党家村、东彭村、西庄镇等地分布。题字书法多出自当代的文人墨客名家之手,或刻于门额,或悬于门楣,风格浑厚雄逸,刚健秀美,潇洒传神,形成了古朴大方、浑厚规整的审美趋向,配以精湛的雕刻技艺,或阴刻,或阳刻,或阴阳相间。砖雕刀工精美,木雕古朴典雅,石雕凝重大气。最普遍的砖石灰色古文楣题字,色彩柔和协调,古色古香,清雅大方,不落俗套,与韩城特色民居融为一体,相得益彰。丰富的文化内涵、精美的书法和雕刻工艺的完美结合,让人们在欣赏之余感受到传统儒家人文思想的教意,极具保存价值	
省级	韩城阵鼓	韩城阵鼓俗称"百面锣鼓",主要流行于韩城南原龙亭镇城北村一带,是以打击乐与舞蹈表演相结合的一种大型民间鼓舞,属于庆典式鼓乐,有别于祭祀性鼓乐。 百面锣鼓号称由百人组成,实际上是由大鼓 1 面,小鼓 4 面,锣 40 面,大镲铙 40 面、花杆、旗手若干人组成。传统的表演是在巷道中进行,一般呈对阵式表演。表演时,大鼓居中,小鼓呈小四角排列,指挥二人分列前后,锣左边,镲右边,一字长蛇排两边。花杆视人数多少而定,围绕乐队前后,全部人员面向大鼓,注视指挥	

保护等级	项目名称	简介	相关照片图片
渭南地市级	棉沟祖传整骨疗法	韩城棉沟祖传整骨疗法至今已有200多年历史，是集中医手法中的正骨、推拿、按摩、舒筋及祖传秘方、夹板外固定为一体的"活血妙散"。 棉沟祖传整骨方法内容丰富，早期仅有祖传接骨药，后逐渐发展，钻研出手法复位、捏骨、舒筋、推拿、整骨以及夹板外固定方法。现在，X线诊查、牵引治疗、石膏固定等现代诊疗技术被应用于临床治疗中	无
渭南地市级	高龙山宋辽古战场的传说	韩城西部梁山脉系中的巍山之北，有一支山脉叫高龙山，地势险要，柏林密布，古时唯有一条羊肠小道左盘右拐，乃"一夫当关，万夫莫开"的关隘重地。传说，辽国萧太后行宫、辽国议政之所就位于这深山之中，当地人俗称"萧家寨"。北宋年间，宋辽在韩城对峙鏖战十余年，各有胜负，诸多战事都以高龙山为核心展开。几百年来，民间也流传下来很多关于高龙山宋辽古战场的传说	
渭南地市级	白家庄狮舞杂技	白家庄狮舞杂技是韩城地区别具一格的民间社火活动，主要流传于韩城市龙亭镇白家庄村一带。 白家庄狮舞杂技节目丰富、姿态多样、惊险奇特。演者在地面或高空，灵活多变、胆大心细、刚毅勇猛，充分体现了炎黄子孙知难而进、威武不屈、英勇善战、争取胜利的精神	

保护等级	项目名称	简介	相关照片图片
渭南地市级	韩城背芯子	芯(xīn)子为韩城民间大型社火的主要形式之一,分为"背芯子"和"抬芯子"两种。背芯子是将六七尺长的铁杆,卡在背芯子人的腰、背上,至右肩部有一小横杆前伸,作为背芯子人的扶手。杆上端固定一小孩(也有少数固定两个小孩,俗称"双双芯子"),小孩经化妆、造型,便为芯子演员。背芯子者均身着黑斜襟长衫,头匝毛巾或戴方巾、礼帽,略作化妆。表演时,锣鼓前导,背芯子者列左右两行,像扭秧歌一样,一边扭动,一边又不断左右交叉,变换队列	
渭南地市级	独泉民俗秧歌	独泉民俗秧歌,属韩城秧歌的一个分支,它融说、唱、念等为一体,拥有固定的乐器配唱,既能开展大规模的群众性表演,又能以独立的戏剧形式登台演出。 从兴起至今,独泉民俗秧歌吸收了韩城秧歌、山西蒲剧、陕北信天游、陕西眉户戏的一些特点,唱腔自由奔放,涌现出秧歌艺人 60 多名。其剧目丰富,题材涉及广泛,多表现家庭和睦、勤劳致富、职业道德、社会风尚等	
渭南地市级	印花袱子	印花袱子,实用土布印染加工而成的,盛唐时期已经很盛行,明清时期到达鼎盛,主要被作为陪嫁用品以及制作衣服等必需品。民间艺人,根据结婚、生育、节庆等不同的需要,在土布上绘制各种有象征意义的图案,以示人们对美好生活的期望	

保护等级	项目名称	简介	相关照片图片
渭南地市级	韩城羊肉饸饹	韩城羊肉饸饹又称荞面饸饹,原料有荞麦、沙蒿、羊肉、羊油辣子等,特点是面筋汤浓、面少汤多、红而不辣、油而不腻,是韩城人招待来客的最佳小吃食品。从营养学的角度看,羊肉和荞面配置科学,荞麦性凉,羊肉、辣子性热,由多道工序手工精制而成,热凉互克互补,保持了阴阳平衡,在韩城人心目中,早已成为"市吃",是传统手工艺食品的典型代表	
渭南地市级	坪头锣鼓	坪头锣鼓是韩城民间社火队列中的一种艺术形式,属于韩城行鼓的一个分支,是当地群众喜闻乐见的一项民间文化活动。坪头锣鼓不仅具有军鼓乐的艺术风格,还在表演艺术上进行了深加工,增强了演出的气势。演奏器乐增加到2面大鼓、16面小鼓、16面锣、16副镲;表演过程中队列变换灵活,演出画面更加生动	
渭南地市级	北涧背芯子	北涧村背芯子设计巧妙、美观,表演么、妙、奇,享誉韩原大地。据记载,在1920年,北涧村民为纪念药王孙思邈,做了十几杆芯子,均以药材为题材,譬如:一杆为一男子背着老母亲,取背母与"贝母"之谐音。芯子深厚的文化底蕴,引得赶庙会的人们纷纷追赶观看,争相猜测每杆芯子的药名。北涧背芯子就是这样真真假假,真中有假,假中有真,将每个造型塑造得惟妙惟肖	

保护等级	项目名称	简介	相关照片图片
韩城市级 （第一批）	南原蒸食 制作技艺	韩城南原蒸食，可以追溯到中华民族的启蒙时代。常见的喜庆蒸食"馄饨"馍，其名称是由盘古开天辟地之前，宇宙的"混沌"一词衍生而来。春节和正月十五的蒸食更是反映了原始社会黄河流域人类的社会生活画面。韩城南原与合阳相邻，其饮食文化也相近，而其与韩城北原蒸食相比较，则更具鲜明的色彩，面粉用各色染料调染，使花馍更加形象逼真，色泽丰富，主题更加明确	
韩城市级 （第一批）	柏香孟家 祖传烧伤 疗法	孟家烧伤专科是中西医结合治疗烧伤的专科诊所。本专科是由潜心医药研究、从医近六十年的孟元贞创建，其涉医颇深，从内、外、妇、儿到五官科都能治疗。自 20 世纪 60 年代开始，又从事各类烧伤病理药理研究，1997 年成功研制秘方，临床应用，效果显著，深受全国各地患者认可	无
韩城市级 （第一批）	西少梁瓦器 制作工艺	瓦器制作工艺起源于 19 世纪后半叶，主要用于农业生产。西少梁瓦器制作工艺的第四代传承人刘宗敏从祖父于中继承了瓦器制作工艺，制作的陶艺有盆、罐、花瓶、花盆等一些生活用品。瓦器制作工艺程序精细复杂，先采挖朱红色的土壤，经过推平、晒干、泡土、彩泥、上埢，直到成品做成要经过十几道工序，然后阴干装窑烧制，出窑后，走村串巷、逢集赶会出售	

保护等级	项目名称	简介	相关照片图片
韩城市级（第一批）	黄柏塬锣鼓	黄柏塬锣鼓大约起源于清朝，是人们祭祀送子娘娘而进行的表演，每逢年、节时进行。其具有节奏明快、粗犷雄劲、激昂高越、形式多变、气势宏大的独特风格，既能在野外表演，又适宜于舞台演出。表演气氛热烈，动作花哨，振奋人心，一派阳刚之美，深受群众喜爱。 黄柏塬锣鼓原有八个"大花子"和四个"小花子"（"花子"即鼓点花样）	
韩城市级（第一批）	白鹤高跷	踩高跷据称已有上百年的历史。表演者将双腿分别绑在木棍上，木棍的中部钉有一块小踏板，脚站在踏板上。所用木跷高低不同，用于技巧表演的多在 1 米左右，最高的跷可达 2 米，但多用于走和简单的表演。 白鹤高跷，远观如一人骑在白鹤身上，木跷为鹤腿，颜色朱红。人们翘首仰望，鹤腾于空。鹤身用竹子编制而成，人的身后是鹤尾。模型做成之后，再用白纸剪成鹤羽，一片一片地粘在鹤身上，一个栩栩如生的白鹤便现于眼前	
韩城市级（第一批）	韩城围鼓	韩城围鼓是一种古老的社火表演形式。韩城围鼓是一种地方性民间鼓乐，阵营壮观、气势宏伟、形式多样。正是因为其源于战争、生活而独具一格，通过丰富的表演形式，反映了不同历史时期战争、生产、生活、风俗习惯、乡土民情等内容，其鼓点多体现行进、围攻、对阵、联合、安居乐业、五谷丰登等生活场景，同时融入了喜庆的因素	

保护等级	项目名称	简介	相关照片图片
韩城市级（第一批）	北原面花制作技艺	韩城面花渊源久远,造型古朴,制作精细,耐人寻味,如按其用途来分,可分节令面花、喜庆面花。喜庆面花几乎可以贯穿一个人的一生。订婚时,女孩子家里要蒸制老虎馄饨,男孩子家要蒸鱼儿馄饨,两对馄饨的交换标志着两个家庭亲家关系的确立。结婚时,母亲要为女儿制作结婚糕子,造型精美,多层插花的糕子上一半是牡丹花瓣,一半是莲花花瓣,它象征富贵、纯洁	
韩城市级（第一批）	民间绝活	民间绝活是韩城市昝村镇吴村的一位民间艺人姚林山的绝活,在韩城家喻户晓,极受好评和欢迎。姚林山从小爱好民间艺术,自学成才,练就许多绝活,内容包括竹棍转碗、吹火顶碗及顶桌献饭等,以"转碗"最为经典传神	
韩城市级（第一批）	大禹庙会	大禹庙会集祭祀、歌舞、民俗活动于一体,传承了大禹治水无私奉献的民族精神,增强了民族的向心力和凝聚力;传承大禹文化、黄河文化,也拓展了黄河流域道教文化以及其他民间技艺的生存空间。 农历三月二十八日,是大禹治水成功,捉住水怪,会诸侯的日期。大禹无私奉献的精神,妇孺皆知,世人崇敬。庙会期间,韩城民众敲锣打鼓,载歌载舞,参加祭祀大禹的盛会	

保护等级	项目名称	简介	相关照片图片
韩城市级（第一批）	鲤鱼跳龙门传说	传说大禹治水凿开龙门后，眼望着龙门山峡两岸悬崖峭壁笔立如劖，相对如门，便取"惟神龙可越"之意，把此地命名为"龙门"。每年三、四月份，众鲤鱼成群结队，逆流而上，奋力争相跳跃龙门。最后大禹为跳上龙门的鲤鱼头顶点红，一瞬间，鱼变化为龙，冉冉腾空。从此鲤鱼跳龙门成为天下招考英才的象征，有青云得路、变化飞腾之意，民间把考中状元叫作"鲤鱼跳龙门"，老百姓把幸福生活的飞跃或事业的成功也称为"鲤鱼跳龙门"	
其他韩城市级	苏村旱船	苏村旱船在韩城的社火活动中十分引人注目。它的起源可追溯到明代，清朝康熙、嘉庆、道光年间一直比较兴盛，现在韩城民间已不常见。苏村旱船是依照船的外观形状制成的木架子。这种船形木架的周围，围缀有绘制水纹或海蓝色的棉布裙，船上还装饰有红绸、纸花、彩灯、明镜和其他饰物等，整个旱船装饰得艳丽多彩	
其他韩城市级	韩城羊肉泡馍	韩城羊肉烹饪分煮羊肉、蒸羊肉。煮羊肉分酸、甜两种，主要在煮肉上下功夫。羊肉煮好后，把羊肉切成大薄片，放入碗中，浇上汤。韩城的羊肉汤是清亮的，因为煮汤时没有将盐提前放入，而是顾客根据需要来加，这与陕西周围别的县市很是不同。馍也是由顾客自己泡，有干馍和饼子，葱花、辣椒也由顾客自己根据喜好放，吃的时候还可以配上糖蒜、小菜等。韩城羊肉泡馍汤清肉烂，香味十足，远近闻名	

续表

保护等级	项目名称	简介	相关照片图片
其他韩城市级	清明节习俗	扫墓俗称"上坟"。此日,家中长辈率领子孙到祖坟墓前插柳枝、烧纸钱、行跪拜礼。上坟时,农家都要提供蒸馍到坟园祭奠。这种蒸食叫"独食子",圆馍里包鸡蛋,供上坟的人祭毕食用。祭祖时必须把大小独食子由坟上滚下,表示让祖先亲尝儿孙们的供品,以表孝心	无
其他韩城市级	韩城馄饨	韩城馄饨在韩城人的眼里,虽是小吃,却有着很特别的意义。馄饨用来招待尊贵的客人。在韩城娶媳妇、嫁闺女、老人过寿、孩子满月、丈母娘招待新女婿等人生重大礼节上都要食用馄饨,尤其是过年时家家户户都吃馄饨。韩城人在大年初一必吃馄饨,馄饨预示着幸福、团圆、美满	
其他韩城市级	韩城剪纸	韩城剪纸纯朴深厚、豪放粗犷、夸张而传神。它出自劳动人民之手,取材于生活中熟悉的事物,生动传神、妙趣横生,作品呈现出鲜明的个性色彩,是研究当地风土民情的第一手资料。韩城民间剪纸取材内容广泛,主要有十二生肖、鱼钻莲(喻连年有余)、莲生贵子、凤凰戏牡丹(喻富贵美满)、双喜鸳鸯、狮子滚绣球、抓鸡娃娃、戏剧人物等。它的用途极广,除了作为窗花,还有顶棚花、墙围花、各式团花等	

保护等级	项目名称	简介	相关照片图片
其他韩城市级	西贾花杆	随着锣鼓艺术在韩城民间的广泛流传，花杆也在农村兴起。西贾花杆多出现于社火表演中，在锣鼓中穿插舞动。其设计独特，构思巧妙，富有新意，表演令人过目难忘，极具地方特色。 它盛行于元末明初。此项扎制技艺纯属手工制作，从选杆、缠杆再到扎杆，必须要熟练掌握一定的扎制技术。特别是最后的人物造型细节方面需要雕琢装饰，使花杆不论从色彩搭配上，还是样式变换上，更具有视觉效果	
其他韩城市级	韩城大红袍花椒	陕西省韩城市是著名的"花椒之乡"，驰名中外的韩城大红袍花椒是韩城的历史名优特产，也叫秦椒。 韩城大红袍花椒因其色泽鲜艳，如身披红袍而得名。它不仅色泽好，味道也更香浓，尽管全国其他地方同样栽植花椒，但韩城大红袍享有"中华名椒"之美誉。更珍贵的是韩城大红袍花椒营养价值很高	
其他韩城市级	出生习俗	在韩城的孩子出生习俗中，一直保留着厚重的虎文化意识。孩子外婆送给孩子的礼品"圈圈子""石子馍""布老虎"等，每一样都传承着古老的符号，并通过这些符号向现代人传来源自远古的信息，而且这种古朴奇特的习俗，在韩城境内一直被老百姓保留。 婴儿出生前一个月，产妇娘家就送角子（一种有馅的角形馍），婆家以此分送与邻人，预告产妇即将临盆。婴儿出生第二天婴儿的父亲到丈人家报喜。第三天，娘家看外孙，送红糖、黄酒、尿布、童褥、"圈圈子"（其形如项圈，上饰各种花草图案，意思是要套住孩子，让他长命百岁）	

保护等级	项目名称	简介	相关照片图片
其他韩城市级	韩城皮影	韩城皮影历史悠久,距今有 200 多年历史。清光绪年间有 13 个班社,每年正月十五集中到县演出数个通宵,风靡一时。皮影制作技艺随之流行,至 20 世纪 30 年代随着皮影表演的衰落,学习该技艺之人日趋减少。到 20 世纪 80 年代,在政府的扶持和许多老艺人的努力下,逐渐恢复,但掌握该项技艺的老艺人相继离世,韩城皮影面临后继无人的状况	
其他韩城市级	法王庙会	法王庙建于元朝时期,是为了纪念韩城一代名医——后被追封为"法王"的房寅而举办的庙会。逢年过节,西庄八社群众在庙内献供烧香,祭拜法王。清明节的祭祀活动最为热闹而隆重,民众蒸法王馍,耍神楼,唱大戏	
其他韩城市级	筐笼制作	传统筐笼制作有着悠久的历史,其富含着劳动人民辛勤劳作的结晶。筐笼工艺品分为细丝工艺品和粗丝竹编工艺品。其技艺独特,以精细见长,具有精选料、特细丝、紧贴胎、密藏头、五彩图的技艺特色。筐笼制作使用的竹材是经过严格挑选来自成都地区的特长无节瓷竹,经过破竹、烤色、去节、分层、定色、刮平、划丝、抽匀等十几道工序,全是手工操作	

保护等级	项目名称	简介	相关照片图片
其他韩城市级	布艺制作	在韩城广为流传的布老虎、小娃鞋制作技艺历史源远流长，距今已有 1000 多年。该技艺随着时代发展不断更新提高，但因时代审美观念的变化，相关作品流传日渐减少。 韩城布艺制作的流程是：收集废旧布头，抹上自制糨糊，贴于墙上晒干成袼褙，将纸鞋样贴于袼褙上剪鞋样，纳鞋底，缝鞋扇，缝合鞋扇与鞋底，最后打扮模样	
其他韩城市级	端午节习俗	端午节，又称端阳节，即阴历的五月初五，是古老的传统节日。这天，韩城人家家包粽子，既供自己食用，又赠送友人，并插艾枝于门上。家中小孩身戴艾叶，成年男女饮用雄黄酒，并给小孩耳、鼻处涂抹少许以避邪驱疾。小孩身着"五毒裹裹""五毒背搭""五毒鞋"，手、脚、腕要系五色绸缎缝制的"馄饨"，香包悬挂于胸前。不满 12 岁的小孩以五色线系手足，谓之"长命索"	
其他韩城市级	布贴画	布贴画是一种古老的民间工艺，历史悠久，广泛流传于民间，又叫布堆画、布贴花、布摞花，还叫拨花。它以粗布为原料，在传统民间剪纸、刺绣、壁画、布贴工艺的基础上，从生活出发，就地取材，采用不同色彩、不同质地、不同形状的布块，通过布缝和补花布饰手工艺，创造出画面具有浮雕感的布贴画	

保护等级	项目名称	简介	相关照片图片
其他韩城市级	东营单杆轿	单杆轿又称"杠子老爷",民间社火以模仿、嘲笑、诙谐的方式,采用"单杆轿"玩闹,别有风味。由两人或四人抬一个长木杆,杆中间扎缠一个坐垫,上骑一个头戴红缨官帽、身穿黑色马褂的白脸老爷角色。他手拿戒尺,或一手拿着长烟袋,一手提着瓦质盆喝水吆五喝六,逗人发笑。他不时用诙谐的讽刺语言,挖苦不孝敬父母者以及那些贪官污吏,群众喜闻乐见,故称其为"杠子老爷"	
其他韩城市级	韩城羊肉糊卜	羊肉糊卜是韩城一大特色饮食,韩城人以善吃羊肉自豪,讲究的是原汁原汤。锅内注油烧热,再放葱花、蒜片、香菜稍炒,再放羊肉片、辣椒粉、花椒粉(韩城产的),随后加入肉汤及盐,最后放上事先切好的饼丝,出锅前立即浇上陈年老醋。用上等的农家自磨面和得不软不硬,手擀成面片,将面片放到油光的铁烙饼锅上,烙到六七分熟,切成韭叶宽的饼丝。吃到嘴中,微酸辣,别有一番风味	
其他韩城市级	土制香油制作	香油的制作,起源于唐朝,距今已有1000多年的历史,明清时期最为盛行。当时韩城有11家小磨香油坊,其中金城办范寅经营的小磨香油坊最为有名。他注重筛选原料,精通漂洗、沥干、烘炒、研磨等制作技艺,出油率高,品质纯正,一度享誉韩原大地。现在范寅之子范贵田继续在金城制作香油,同样有着丰富的经验、娴熟的手工技术,所制香油远近闻名	

保护等级	项目名称	简介	相关照片图片
其他韩城市级	龙门村陶器制作工艺	龙门村陶器制作起源不详，据记载，陶器制作在民国时期较为兴盛。人们采挖当地特有的耐火土，经过沉淀、浸泡、上垛等十几道工序后晾干，入窑烧制，出窑后拉着走村转巷，于逢集赶会时销售	
其他韩城市级	拧绳制作	拧绳制作在韩城颇为有名。周村的拧绳质优工细，结实耐用，经常是逢集赶会的人们争相购买之物，曾经是周村许多人的主要谋生方式。所需材料有麻、拧绳车、棒槌等，需经过选麻、捣麻、浸麻、纺麻等工序，最后合麻成绳	
其他韩城市级	韩城石子馍	石子馍是陕西关中地区一种制作奇特、风味别致的古老食品。石子馍是用烧热的石子作为炊具烙烫而制成的馍，主要原料是面粉、清油、食盐、茴香、花椒、芝麻等。经和面、加工石子、制坯焙烙几道工序制作而成，其特点为外观焦黄鲜亮，中凹边凸，活像一个椭圆形的小金盆，咬开后层次分明，咸香可口，易于消化，具有营养丰富、经久耐贮、携带方便的特点，是馈赠亲友、招待宾客、出外旅行的必备佳点	
其他韩城市级	史阙疑传说	韩城市渔村在清代出了一位机智、幽默的人物，名曰史阙疑。史阙疑为清乾隆末年贡生。他不慕功名，甘为布衣，打抱不平，抑强扶弱，才智敏捷，胆识过人，一生同贪官污吏作对，与土豪劣绅为敌，是阿凡提式的人物。他的故事一直流传于韩城及周边县市，至今民间还流传着脍炙人口的史阙疑的故事	

保护等级	项目名称	简介	相关照片图片
其他韩城市级	城隍庙会	庙会在韩城老城这样具有地方文化特色的地方,内容是相当丰富的。老城附近有很多处庙会,起源于对城隍爷和孔子的祭祀,后来逐渐演变成为民众的文化娱乐活动和商贸活动。城隍庙会于每年农历五月二十八和八月十八举行两次。城隍庙会起始于建庙之初,盛于宋元,这个庙会相对来说规模比较大,时间比较长,每次为期三天,每天都有对台戏大赛,三天赛事中,头尾都要抬神像巡游,称"进庙""出庙",锣鼓喧天,铳炮轰鸣,气魄很大,热闹非凡。两台大戏对台,"东起西落",还有很多具体讲究。到第三天晚上,两台各唱"五插一本"(五个折子戏,一本大戏),直到天明	
其他韩城市级	孔子祭祀	为了世代拜祭圣贤孔子,在韩城每年举行盛大庙会,隆重纪念孔子,2000 多年来此俗一直未间断。庙会一大早,前来文庙赶会祭奠者人山人海,近千人便结队而来,唢呐声、鞭炮声震耳欲聋。在文庙门前街道整顿好队伍,虔诚地走进大门,抬着两张方桌,上面摆着签烛、点心、祭馍、水果等祭品;在后则是几支由唢呐、高胡、二胡民间艺人组成的乐队。祭典场面壮观且肃穆庄严。典礼后于祠院"唱戏",在高胡的伴奏下,开始唱起秦腔,唱词都是颂扬孔子功德的	
其他韩城市级	南原看杆	南原看杆又称绕花杆,"百面锣鼓"队列式行进时,以头旗开道,数十面龙凤旌旗紧随其后,接着是数十人执锣,另有数十人执钹。执锣者与执钹者身后又各有数十名少女手执"花杆","花杆"以彩绸彩花缀饰于长杆而成,装饰华丽,与锣鼓阵相随,以壮行色。鼓前一老者手执长竿作为指挥。曾有人士惊叹,这是世界上最长的指挥棒。节奏明快、典雅古朴,对照鲜明、高潮迭起,既有粗狂、豪放的气质,又有韩城人"雅""趣"的一面	无

将这些非物质文化遗产按照国家级非物质文化遗产名录项目类别的十个目录进行分类：民间文学 4 个、民间音乐 1 个、民间舞蹈 8 个、传统戏剧 1 个、曲艺 1 个、杂技与竞技 7 个、民间美术 3 个、传统手工艺 15 个、传统医药 2 个、民俗 8 个。这些非物质文化遗产从各个不同方面反映了韩城人民的生产方式、生活习惯、审美情趣，是韩城人民生活的真实写照（见表 3.8）。

表 3.8　韩城非物质文化遗产分类表

类别	非物质文化遗产项目名称	数量（单位：个）
民间文学	韩城古门楣题字、高龙山宋辽古战场的传说、鲤鱼跳龙门传说、史阙疑传说	4
民间音乐	韩城"谏公"鼓吹乐	1
民间舞蹈	韩城行鼓、韩城秧歌、韩城阵鼓、坪头锣鼓、黄柏塬锣鼓、韩城围鼓、西贾花杆、南原看杆	8
传统戏剧	韩城皮影	1
曲艺	独泉民俗秧歌	1
杂技与竞技	韩城抬神楼、白家庄狮舞杂技、韩城背芯子、北涧背芯子、白鹤高跷、苏村旱船、东营单杆轿	7
民间美术	韩城剪纸、布艺制作、布贴画	3
传统手工艺	印花袱子、韩城羊肉饸饹、南原蒸食制作技艺、西少梁瓦器制作工艺、北原面花制作技艺、民间绝活、韩城羊肉泡馍、韩城馄饨、韩城大红袍花椒、筐笼制作、韩城羊肉糊卜、土制香油制作、龙门村陶器制作工艺、拧绳制作、韩城石子馍	15
传统医药	棉沟祖传整骨疗法、柏香孟家祖传烧伤疗法	2
民俗	司马迁民间祭祀、大禹庙会、清明节习俗、出生习俗、法王庙会、端午节习俗、城隍庙会、孔子祭祀	8
合计：50		

3.5　小结

非物质文化遗产是蕴藏在人类生活中一种隐形的文化遗产，我们应该不断地发掘它、保护它。经过调查，我们发现在韩城这样一个小城里蕴藏着丰富的具有地方特色的非物质文化遗产项目，当然这些只是现在已经发现的,还有很多非物质文化遗产蕴藏在人们的日常生活中,还有待于进一步挖掘。这些特色的非物质文化遗产充分地反映了一个区域某个时期人们的生活习惯和文化特点。它是一个地方历史的活胶片,对于我们研究地方历史文化有着重要意义。

■ 参考文献

[1]怀念.文化馆与民间文化艺术保护传承[J].中国文化馆,2021(1): 54-60.

[2]王伟,杨豪中,李岚,等.文化遗产保护视野下的新农村建设[J].西北大学学报(自然科学版),2015,45(4):636-640.

[3]佟燕华.探索非物质文化遗产本质反思改进现有保护措施:评《非物质文化遗产:变迁·传承·发展》[J].山西财经大学学报,2021,43(12):134.

[4]易玲,肖樟琪,许沁怡.我国非物质文化遗产保护30年:成就、问题、启示[J].行政管理改革,2021(11):65-73.

[5]黄捷.非物质文化遗产传承人保护法律制度研究[D].南宁:广西民族大学,2020.

[6]林青.非物质文化遗产保护的理论与实践[M].北京:人民邮电出版社,2017.

[7]张俊福.非物质文化遗产保护与传承的城镇化路径:以河州花儿为例[J].西北民族大学学报(哲学社会科学版),2021(6):78-86.

[8]郁婕.多彩非遗唤起文化记忆[N].甘肃日报,2021-11-25(10).

[9]仇兵奎,许子婵.非物质文化遗产生产性保护的生成逻辑与实践模式[J].晋中学院学报,2021,38(5):26-30,95.

[10]宋艳琴.河南非物质文化遗产保护传承研究[J].农村·农业·农民,2021(10):44-45.

[11]李彦林,郭宇.乡村文化振兴背景下非遗的保护与研究:以重庆西阳摆手舞为例[J].农村·农业·农民,2021(10):48-49.

[12]王曼,陈炎鑫,王琪,等.浅析韩城市文化旅游景点数字化应用存在的问题[J].现代营销(学苑版),2021(10):130-132.

[13]李思月.历史城区非物质文化遗产的物质空间保护:以岚城古城为例[C].面向高质量发展的空间治理:2020中国城市规划年会论文集(09

城市文化遗传保护),2021.

[14]孙春媛,廖昌启.文化自信导向下的非物质文化遗产生产性保护路径探索:以官渡古镇为例[C].面向高质量发展的空间治理:2020中国城市规划年会论文集(09城市文化遗传保护),2021.

[15]魏琛.以非遗为核心的传统村落规划策略探索[C].面向高质量发展的空间治理:2021中国城市规划年会论文集(09城市文化遗产保护),2021.

[16]乔莉伟.乡村振兴视角下非物质文化遗产保护利用研究[D].杨凌:西北农林科技大学,2021.

[17]邵慧.文化记忆视角下非物质文化遗产传播策略研究[D].南宁:广西大学,2021.

[18]卢若薇,张舒涵,李宁钊.韩城建筑院落空间形态尺度比例研究[J].智能建筑与智慧城市,2021(6):63-64.

[19]黄文超.非物质文化遗产传承人权利保护问题研究[D].大连:东北农业大学,2020.

[20]张柔然."文化-自然之旅":世界遗产保护与管理的新思潮[J].中国文化遗产,2020(4):66-72.

[21]南方科技大学社会科学高等研究院.遗产[M].南京:南京大学出版社:2020.

[22]黄瑶,王薇.《保护非物质文化遗产公约》中的相互尊重原则及其适用探析[J].文化遗产,2020(3):10-18.

[23]王天祥,秦臻.实践与范式:遗产·田野[M].重庆:重庆大学出版社,2016.

[24]王伟,卢渊,陈媛.历史城区的保护与复兴研究:以韩城老城区的保护为例[J].西北大学学报(自然科学版),2013,43(6):979-982.

[25]李佩.文旅融合背景下枣庄市非物质文化遗产的保护和开发研究[D].济南:山东大学,2020.

[26]刘守华.非物质文化遗产保护与民间文学[M].武汉:华中师范大学出版社,2014.

第 *4* 章

传统建筑和非物质文化遗产
相互支撑的关系

大量的非物质文化遗产蕴藏在民间,民间的生活环境孕育着这些非物质文化遗产,"一方水土养一方人",同样地,一方水土也养育着一方的非物质文化遗产。这些文化在这些特定的环境中都有一定的渊源,这些文化和其生存、发展的环境都有着密切的联系,离开了这些特有环境,它们就失去了本来的特色,甚至会消亡,更谈不上发展了。这些环境也就是承载非物质文化遗产的物质空间,是非物质文化遗产赖以生存的土壤。非物质文化遗产必须和其赖以生存物质空间相互适应,共同发展,才能得到更好的传承和发扬。

4.1 传统建筑中的非物质文化遗产

4.1.1 非物质文化遗产的物质空间现状

为了对韩城古城进行整体保护,20 世纪 80 年代末,政府做出避开古城另建新城的决定,将古城的行政单位陆续搬到古城北端平原上,新城和古城用一条坡道相连,新城里是形式多样的现代建筑,古城里则是古朴典雅的传统建筑。韩城古城原汁原味地保留了元、明、清时期的传统民居建筑和庙宇等公共建筑,是研究传统建筑的活化石。在对非物质文化遗产及其生存的传统建筑空间保护的过程中,韩城市政府专门成立了保护管理办公室,进行深入的实地调研之后,采取了一系列的相关办法和重大措施。传统民居修复将古城的传统记忆原汁原味地保留(见图 4.1),保护古城原有的城市格局,对原有街道、桥梁等进行加固修缮;注重对传统民间艺术、风俗习惯、节庆、饮食文化等非物质文化遗产的保护。

图 4.1　北营庙保护工程

古城传统建筑空间保护的重大事件见表 4.1。

表 4.1　古城传统建筑空间保护的重大事件

时间	具体方法	重要意义
1984 年	韩城市政府公布建于明万历三十八年（1610 年）的东营庙，为市级重点文物保护单位	对东营庙进行整体修缮、整治，完好地保存了东营庙的原来风貌
20 世纪 80 年代末	在政府的规划下，各级相关部门迁出古城，在古城的北部平原上另建新城，对古城的传统建筑进行整体保护	规划新城，对古城进行整体保护，使得古城成为古朴典雅、耐人寻味的千年博物馆
1992 年	陕西省人民政府公布建于明隆庆五年（1571 年）的城隍庙，为省级文物保护单位	使城隍庙成为韩城重要的古代建筑保护对象和旅游景点之一
2001 年	国务院公布位于韩城市旧城区的文庙（始建于元代，后经明清两代重修，是陕西省现有保存最完好的文庙）为第五批国家重点文物保护单位	文庙的整体保护，成为后来文庙作为博物馆的基础，同时也成为韩城重要的旅游景点之一
2001 年 3 月至 2001 年 10 月	对古城的电力设施进行整体改造，将电线埋设于地下；古城街道都用长条青石铺设，主要街道禁止机动车辆通行	通过对古城整体改造和对损坏严重的传统建筑的修缮，以及对街道环境的整治，恢复了元、明、清历史风貌，形成古城步行街

续表

时间	具体方法	重要意义
2002 年至 2005 年 9 月	对居住在文庙、东营庙、城隍庙内以及庙区保护范围内的单位和居民逐步实行拆移,对文庙、东营庙、城隍庙进行全面维修(见图 4.2)	通过三年对文庙、东营庙、城隍庙进行整治,建成元、明、清古代建筑群,亦是韩城人文历史、民俗文化为一体的综合性博物馆。三庙贯通后,韩城市博物馆占地 8 万余平方米,现已成为全省县市级博物馆中占地面积最大、内涵最丰富、地方特点最突出的综合性博物馆
2009 年 7 月	结合相关资料对古城庆善寺进行整体修缮	通过修缮,对古城唯一的佛教活动场所进行保护,使得庆善寺成为永久性寺庙
2010 年 4 月	第十四届西洽会项目签约仪式上,陕西省韩城市人民政府与陕西文化产业投资控股(集团)有限公司签订韩城旅游景区开发项目,项目总投资达 50 亿元,成为当天签约项目的一大亮点。此项目是以韩城深厚的文化内涵和丰富的文物资源为依托,以推动旅游产业发展为重心,以房地产开发为支撑,以打造文化旅游目的地为目标,由陕西文化产业投资控股(集团)有限公司重点对韩城古城、司马迁祠、党家村等旅游景区进行开发、建设和经营	该项目建设将按照情境化、体验化、游乐化等创意性的设计方式,最终形成"赏黄河风情、看民居瑰宝、游千年古城、拜华夏史圣""司马故里寻史记、渭北古城觅风情"等独具韩城特色的区域旅游运作模式和区性旅游产品体系,全力打造韩城文化旅游目的地主题形象,从而创造中国北方古城旅游开发的经典品牌

文庙、东营庙、城隍庙三庙贯通平面示意图如图 4.2 所示。

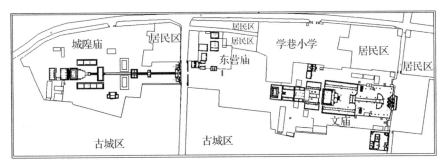

图 4.2 文庙、东营庙、城隍庙三庙贯通平面示意图

古朴的建筑、淳朴的民风和丰富多彩的非物质文化遗产吸引了大量的国内外游客。韩城古城也在积极地申报世界文化遗产。

申请世界文化遗产标准见表4.2。

表4.2　申请世界文化遗产标准

标准	古城现状
文化或自然遗产在世界上所具备的独特价值	韩城有独一无二的元代建筑群，无论是传统民居建筑，还是公共建筑都有着丰富的资源，保有量大，保存完整性好
当地政府和人民群众保护该遗产的积极性	在政府的政策下实行对古城实行整体保护，在古城外建设新城
该遗产相关环境的协调及不协调状况的整治克服程度	政府对古城格局保留了原来的面貌，对周围的环境进行了统一整治，积极开发古城的特色文化产业，使古城的非物质文化遗产和传统建筑环境得到有效的结合

4.1.2　非物质文化遗产在传统建筑环境中的分布状况

韩城古城有着深厚的文化底蕴，在这片平凡的土地上，经过当时人民的辛勤劳动，创造了随处可见的传统建筑文化遗产。走在古城金城大街，随处可见明清时期建筑风格的商铺、店面；金城大街两侧的巷道随处可见明清时期的四合院。在这些物质性的传统建筑空间当中，蕴藏着丰富多彩的非物质文化遗产，这些非物质文化遗产使得整个古城充满了生气和活力（见表4.3）。

表4.3　古城传统建筑及其涉及的非物质文化遗产活动

传统建筑名称	时代	位置	涉及的非物质文化遗产活动
韩城文庙	明	韩城市古城学巷东端	孔子祭祀
韩城城隍庙	明	韩城市古城隍庙巷东端	城隍庙会
韩城北营庙	元	韩城市古城金城大街北段西侧258号	戏曲、秧歌
韩城九郎庙	元—清	韩城市金城大街北段东侧	祭祀
东营庙	明	韩城市城隍庙巷东端	祭祀

续表

传统建筑名称	时代	位置	涉及的非物质文化遗产活动
庆善寺	清	韩城市古城金城大街中段	祭祀
毓秀桥	清	韩城市古城南关	秧歌、社火
吉灿升故居	清	古城箔子巷东段	门楣题字、蒸食面花
韩城苏家民居	清	古城西环路	门楣题字、蒸食面花
韩城高家祠堂	清	古城北营庙巷	门楣题字、蒸食面花
韩城解家民居	清	古城箔子巷	门楣题字、蒸食面花
韩城古街房 10 号	清	金城大街中段	门楣题字、蒸食面花
永丰昌（酱园）旧址	清	金城大街北段	门楣题字
韩城郭家民居	清	金城大街南段	门楣题字、蒸食面花
学巷菩萨、关帝庙	清	古城学巷	祭祀
闯王行宫	明	古城南大街中段西侧	门楣题字
状元楼	清	古城金城办大院	门楣题字
龙门书院	清	古城书院街	门楣题字
陵园金塔	金	古城陵园内	门楣题字
半坡福寿坛	民国	古城东北半坡	祭祀
韩城古城区街房建筑群	明、清	韩城市金城办古城区（共 57 户）	门楣题字、社火、庙会
韩城古城区民居建筑群	明、清	韩城市金城办古城区（共 80 户）	门楣题字、蒸食面花

　　非物质文化遗产的产生需要一定时间的积累，它的形成主要在传统建筑中，因此传统建筑的空间环境就成为大多非物质文化遗产发生、发展的场所，包括传统建筑的平面布局、空间格局、立面造型、细部构件、建筑艺术装饰，以及它们与非物质文化遗产生存的适应性等。建筑的空间环境包括广场、院落、街道、庙宇，以及这些空间环境所创造出来的精神场所和传统文化氛围。从表 4.3 中我们可以看出，古城不同风格、不同用途的传统建筑中蕴藏着不同的非物质文化遗产，这些非物质文化遗产在传统建筑的支撑下，在古城这个古老的大环境下生存和发展，和古城的传统建筑环境融洽相处（见图4.3）。

图4.3　淳朴的古城街道和民居

4.1.3　非物质文化遗产及其传统建筑环境的保护和更新

经过韩城人民千百年来在生产、生活中的共同努力，创造了一个富有传统气息和文化内涵的传统建筑环境。古城有着贯穿南北的金城大街，这条大街犹如一条巨龙联通古城；勤劳的韩城人民建造了特色的四合院形式的民居环境，形成了古城的一种特色的建筑群和文化形式；在古时，韩城人民为了祈求神灵的保护和对圣人的祭祀，修建了很多寺观庙宇，这些寺观庙宇是古城另一道靓丽的风景线。古城人民在生产生活过程中形成了五彩斑斓的非物质文化遗产，在有着浓厚文化气息的古城环境中，非物质文化遗产的生存、发展和发扬都和古城的传统建筑空间有着密不可分的关系，古城的传统建筑环境也因为这些非物质文化遗产的存在而显得更有生气和活力，两者相互依赖，相互影响，共同发展。

1.古城蒸食面花及其传统建筑空间

古城有着浓厚的文化积淀，古城人民对礼仪方面很是讲究，人们将对生活的美好祝福寄托在特色的蒸食面花中。面花的不同造型用于展示不同的礼仪和表达不同的情感（见图4.4、图4.5）。

图 4.4　古城蒸食艺术展示

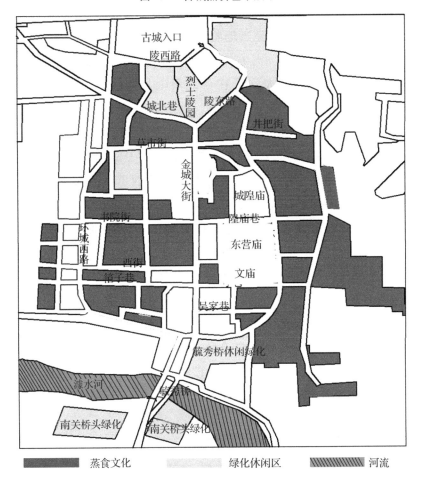

图 4.5　蒸食文化在古城的分布

（1）材料。蒸食面花所需的材料就是最常见的面粉、红枣、红糖、核桃、食用色素等。正是这些最为常见和普通的生活必需品在心灵手巧的古城人民手中，变为各种造型的面花，用来表达各种不同的祝福和代表着各种不同的礼节文化，颇为神奇。

（2）工具。古城蒸食面花作为一种普通的民间面食，其制作工具也颇为简单，就是日常生活中最为常见的案板、灶台、蒸锅、面盆，以及北方居民善用的炕。用炕的主要原因是炕可以加热，有利于面食的发酵，使得蒸出来的面花松软细腻口感好。

（3）传统建筑环境提供的物质空间。在古城中，几乎家家都在过年、过节、红白喜事时候做蒸食面花。蒸食面花在古城中的主要制作空间是传统民居四合院。韩城四合院有着当地特有的风格，建筑也颇为讲究。四合院大门一般不开在中轴线上，而开在"巽"位或者"乾"位，因此路北的住宅大门开在东南角上，路南的住宅大门开在西北角上。进门东边的第一个房子作为厨房，讲究东起西落，寓意人丁兴旺。厕所的位置在西南角上，一方面远离厨房，另一方面方便住在门房的长辈们。北方为上房，高于两边的厢房，而东边的厢房又要高于西边的厢房，两边厢房高于门房。上房主要是为了祭祀祖先、举行红白喜事和招待贵宾之用。东高西低的厢房也颇为讲究，东边哥哥住，西边弟弟住。门房则是由长辈居住，长辈可以方便监督全家人的活动状况，以便处理家族事物，这样的布局遵循了严格的礼节制度，同时北高南低的格局有利于整个院落的采光和通风。

（4）文化背景。历史上韩城出现了很多达官贵人，特别是在明清时期，因此这些做官的人就把京城的四合院形式引入韩城古城，经过与当地自然环境和生活环境融合，形成了韩城四合院形式。北京四合院一般是长辈住在上房，而韩城四合院是长辈住在门房，这是两者最大的区别之处。四合院是古城居民主要的居住场所，因此四合院分布在古城的各个角落。

韩城古城四合院尺度见表4.4。

表4.4　古城典型四合院尺度

结构	长度	宽度	主要功能
院落	23米	12米	休息、活动、交流、晾晒东西
东西厢房	11.9米	3.78米	东厢房哥嫂居住，两开间或者三开间；西厢房弟弟、弟媳居住，两开间或三开间
厅房	12米	6.97米	祭祀、会见主要宾客
门房	8.2米	5.49米	长辈居住

续表

结构	长度	宽度	主要功能
厨房	4 米	3.78 米	做饭
厕所	1.8 米	3 米	如厕
门道	2.3 米	2.1 米	出入

随着社会的发展和建筑材料的改进,韩城人民在建房的时候依然大多数是按照韩城特有的四合院格局,只是运用的材料不同而已。原来四合院主要是砖木结构,现在四合院大多采用框架或者砖混结构,但是格局依旧。房顶大多由原来的木构坡屋顶换成了现代的水泥板或者现浇形式。大门依然开在"巽"位或者"乾"位。门楣题字的材料由原来的木刻、石刻大多换成了现在的瓷砖形式,有的家庭还将原来保存完好的石刻门楣重新挂在门额处,或者将原来的木刻门楣收藏起来挂在厅房的门额处。

(5)制作活动状况。蒸食面花主要是在厨房和东厢房制作而成的。和面在厨房进行,这是制作面花的第一步,然后就将和好的面端进东厢房的炕上,给炕加以适当的火候,使得炕可以提供给面适合发酵的温度。接着在厨房的案板上揉面,面揉的时间和力度一定要适合,这样制作的面花才松软细腻,不仅口感好,色泽也鲜亮。将和好的面端进厢房,制作面花的巧手主妇们便围着炕制作各种造型、代表各种礼仪的面食。最后将制作的面花一部分放到厅房祭祀,一部分作为礼仪之用。可见蒸食面花的整个制作活动在整个四合院落主要来往于厨房、东厢房和厅房之间(见图 4.6)。

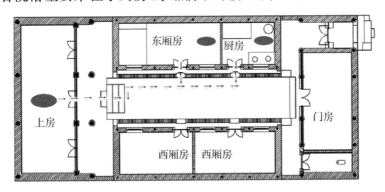

图 4.6　蒸食文化的制作空间

(6)周边环境。四合院是古城人们主要的居住环境,在古城各个大街小巷随处可见。古城以前本来就是整个韩城的政治、经济、文化中心。虽然已经另建新城,但是这里原有的学校、医院、邮政、银行等配套设施都一应俱全(见图 4.7),特别是古城金城大街依旧繁华。政府为了对古城进行整体保护,对道路、电网和给排水都做了改造,使得古城更加整齐和富有传统气息。另外,还对古城的操场进行统一绿化,在毓秀桥桥头新建活动广场,给古城人民提供了闲暇时间的活动场地,使古城显得更加富有生机。

图 4.7　古城医院、学校、廉租房等配套设施

(7)空间环境改造前状况。古城四合院历史悠久,经历多年风雨的侵蚀,很多家庭的院落因年久失修,建筑局部损坏比较严重,院落整体结构也稍有改动,有的家庭在原来的院落基础上加建了现代建筑,影响了整个院落建筑环境的传统性。生活用水大多是靠井水。韩城位于关中地区,降水量相对较少,这样一来,干旱季节井水就不富裕,甚至会出现干井的现象,极大

地影响了居民的正常生活。

(8)空间环境改造后状况。后来政府经过宣传和教育,提高了古城居民对传统建筑的保护意识,并且利用专项资金和提供专业人员,配合古城居民对传统的四合院落进行整体保护,适当地拆除后建的建筑,对损坏的局部建筑进行修复,不仅使得居民院落更为整齐有序,也很好地保护了传统建筑。当地居民在政府的配合下,对生活用水设施进行改造,现在家家户户都通上了自来水。对生活垃圾也进行了统一规划,设立专门的垃圾桶,市政定期进行处理。以前四合院落的生活污水基本都是靠自家的排水系统将污水排到巷道,后来针对生活污水铺设专用的污水管道,将家庭污水直接排入污水管道。大多数家庭也将原来的土厕所改造成为干净卫生的可水冲的卫生间。经过设计改造,现在不仅电压稳定,还可以实现有线电视、网络到户,给古城人民提供了一个舒适、安逸的生活环境,极大地方便了古城人们的生活。

(9)对非物质文化遗产的利用。古城的蒸食面花,现在不仅是人们进行馈赠、祭祀的用品,还是古城人民进行创收的一种途径,由此提高了他们保护和传承非物质文化遗产的积极性。丰富多彩的蒸食面花,已经在各个旅游纪念品的展台上出现。它不仅表现了一个地方的文化,还向游客们展示了这种文化的精彩之处。有的地方还给游客提供亲自体验的机会,让游客在游览之余,可以亲身感受这种特色的文化。

2.门楣题字

韩城古门楣题字分布在韩原大地的村村寨寨,其中以党家村、金城区最具代表性。党家村位于韩城市东北方向,是国家历史文化名村,现存完整的传统民居四合院100多座。这些四合院历史悠久、古朴典雅、布局紧凑、工艺精湛、精美考究。韩城民居四合院浓厚的文化特色,不仅体现在建筑艺术上,更多地体现在家家户户的门楣题字、对联、壁刻家训上。门楣题字在明清时期的四合院中走向鼎盛。古门楣题字从内容上看,最早的"三槐世家""延陵旧家"等都是家族姓氏的标志。作为权贵标志的古门楣题字,如"父子御史""十马高轩""太史第"等,在文运昌盛的党家村比比皆是。平常百姓家把信仰、追求作为标志题写于门楣，此类门楣在韩城最为普遍，如"孝悌慈""谦受益""和为贵"等。古门楣题字言必称圣贤，语必出六经，内容丰富多彩，寓意深刻；题字书法多出自文人墨客名家之手，配以精湛的雕刻技艺，呈现出文史之乡特有的文化魅力（见图4.8）。

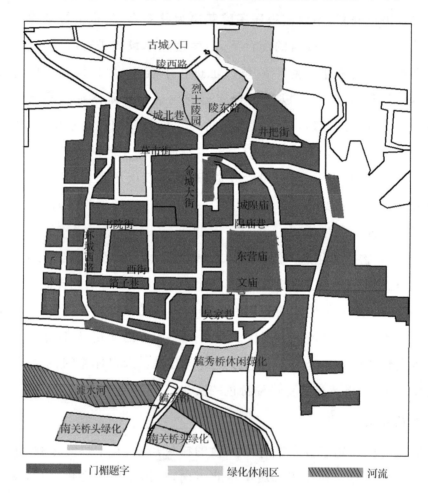

图 4.8　门楣题字在古城的分布

韩城古城门楣题字统计如表 4.5 所示。

表 4.5　古城门楣题字统计

题字	位置或释义
隆盛店	古城百年木器老店门楣
"当"	古城当铺挂牌题字
济世斋	古城寺院门额
崇让门	古城崇让门门额
崇先笃庆	古城九郎庙杨姓大厅门额
世德流芳	古城关圣庙木牌题额
保安黎庶	古城城隍庙山式西牌坊题额
四方会归	古城桥南第二座三连木牌坊匾额
户尽可封	古城桥南第三座三连木牌匾额,意为家家都可以封赏
翠锁城南	毓秀桥南第四木牌匾额
示我周行	古城桥南三连木牌坊匾额。示,告诉指示;周行,大道。引申为至美之道、治国之道
解状盛区	古城桥南三连木牌坊南匾额。明、清时期中了四个解元、七个武解元、一个状元,故称为"解状盛区"
士风醇茂	古城桥南第二座三连木牌坊匾额。风,风气、风尚,主要是对士阶层的品性而言。醇,谨慎特重;茂,盛
开卷有益	古城图书楼门额题字
孝弟忠信	古城庙后村王杰故居。弟,同"悌"
惟一经	古城南营庙巷门额,意为读书是最高尚的
第槐绿	古城杨洞巷　工姓门额,韩城古语"门前栽槐树,门后栽榆树,绿荫挡阳,后代兴旺,槐树常绿,人生不老"
平阳第	古城一小巷子门额,意为主人由山西平阳迁徙此地
职思其居	古城状元王杰万字院门额,意为远在京师任职,念念不忘故乡
翼燕光龙	古城西街一家屏门题字,意为受皇恩荣光,应该以安敬处事为人
宁静致远	状元王杰故居门额。上款:择诸葛亮武侯之佳句;中上有乾隆御印;下款:乾隆十三年御笔
爱得我所	古城九郎庙巷李姓家门额。爱,于是。意为得到我安居之所,语出《诗经》
世继文清、瑞绕隽林、吉庆、中和、笃逢、履蹈	古城西街薛姓之家砖拱中门内外、东门内外、西门内外门额题字

续表

题字	位置或释义
树德	古城箔子巷一家门额。上款清雍正十三年仲春，下款金陵江明德题，意为树立高尚的品德
贵德第	古城东营庙一家门额
居善宝	古城吉姓之家门额，意为不以玉为宝，而是以善为宝
安仁居	古城一家门额，意为专心为仁、安心为仁和善于为仁
荣恩	古城草市巷李姓之家门额题字，意为感激皇帝或祖先的恩惠
十马高轩	古城张家巷、薛同术、薛之屏父子故居。父子都为官至知州，相当于郡太守，美称为"五马"，"十马"隐两个"五马"，是对父子之职的赞誉
国宾第	古城杨洞巷陈姓之家门额题字。清初，每年由州县选绅士中的年高有德者一人为宾，次之为介，又次为众宾，呈报总督
中宪第	古城张巷门额。宪，旧事指朝廷委驻各行省的高级官吏。清代称巡抚、布政使、按察使为三大宪
大郡伯	古城北营庙巷邱姓之家门额题字。伯，领导一方的长官。大郡当时指行省。大郡伯指省级官员
父子御史	古城南大街上一家门额。御史，官名。卫桢固在明代崇祯年间任监察御史，其子卫执蒲在清顺治年间官拜左副都御史
司马第	古城九郎庙巷一家砖雕门额，意为这家出过武官或者府同知一类的官员
岁进士	古城东营马道巷8号一家门额题字，意为明清时期的优等秀才参加岁考，取得入国子监读书资格的人
明经第	古城学巷一家门额，明清时期将"明经"作为贡生的敬称或者雅称
冰壶玉鉴	古城南营庙巷砖洞门额题字
溥彼韩城	古城南门门额题字
龙门盛地	古城北门门额题字
黄河东带	古城东门门额题字
梁奕西襟	古城西门门额题字
关圣庙	古城东营庙门额题字
会仙阁、福寿宫	古城吕祖坛会仙阁门额题字

续表

题字	位置或释义
万世师表	文庙大成殿悬挂的康熙御书
师道尊严	文庙明伦堂横匾
德配天地、道观古今	文庙前巷道东西木牌坊题字
圣域、贤关	文庙东西门门额题字
戟门	文庙戟门门额
正谊明道	文庙明伦堂前中门门额
由仁义行	文庙明伦堂后门门额
歌舞台	城隍庙戏台题额
彰善瘅恶	城隍庙大门侧墙砖雕

（1）材料。材料为木材、石材、砖。

（2）制作工艺。将选好的题字内容以木雕、砖雕或是石材雕刻的形式,悬挂或者直接将题字内容雕刻在门楣处,也有以瓷砖的形式直接将题字贴在门楣处(见图 4.9)。

（3）传统建筑环境提供的物质空间。古城的商铺、民居、四关庙宇等门额处都有题字,题字在古城的大街小巷几乎随处可见。

（4）对非物质文化遗产的利用。韩城古门楣题字这种文化形式被很好地延续了下来,很多有价值的题字被统一搜集起来,在博物馆进行展示,成为体现韩城文化内涵的一种特殊形式,也时刻训诫人们应该以题字内容约束自己的言行举止。

3. 羊肉臊子饸饹

韩城古城没有什么大菜,但是风味小吃很丰富,别具特色,特别是韩城的羊肉臊子饸饹。韩城位于秦晋交界的地方,自古都是兵家必争

图 4.9　石材雕刻的门楣

之地,也是多民族聚居的地方。古代女真人和蒙古人都在韩城这片古老的土地上生活过,因此韩城的风味小吃就有了特别的异域风情。

(1)材料。主要原材料是羊肉、荞面、简单蔬菜等。羊肉和蔬菜是用来入臊子的。荞面是用来压制饸饹的。

(2)制作工艺。其主要做法分为两道工序:制作羊肉臊子、压制饸饹。羊肉臊子的做法是将羊肉切成八分见方的片,先用武火炒,然后加入特质的面酱和调料,再用文火长炖,最后放在盆里冷却后待用。羊肉臊子的制作水平是决定味道的主要因素,这个过程非常重要。压制饸饹是将荞面兑上适量的水和好,水的比例非常重要,多了不是很筋道,少了不好和。韩城饸饹在压制的时候加入了适量的蒿面,因此韩城的饸饹非常筋道,而且色泽和味道都独具特色。压制好饸饹后,支两口锅,一口锅用来烩羊肉臊子汤,一口锅将饸饹在热水里面回水,回水后浇上臊子汤就可以食用了。韩城羊肉臊子饸饹的特点是面筋汤浓、面少汤多、红而不辣①。

(3)制作空间。早起的韩城人民大多在家都做羊肉臊子饸饹,家家户户都有压制饸饹的专用床子,后来因为家族成员外出和人口数量的减少,平常百姓家里已经不再亲自制作羊肉臊子饸饹了。羊肉臊子饸饹逐渐商业化,在韩城大街上随处可见大大小小的羊头臊子饸饹馆。古城有名的羊肉臊子饸饹馆主要分布在古城的主轴线金城大街的主要节点上和饮食一条街上(见图4.10)。吃羊肉臊子饸饹成为古城人们的一种饮食习惯,在繁忙的工作之余,坐在街边的羊肉臊子饸饹馆吃一碗香辣可口的臊子饸饹很是舒心惬意。

羊肉臊子饸饹馆的空间格局主要由餐厅、压制操作间、熟食操作间、清洗间和储物间几部分组成。每个空间格局都很讲究,设计也很科学。这种空间格局保证了洗涤和操作空间的干湿分离。压制操作间和熟食操作间独立分开互不干扰,两个空间开有小窗,便于压制好的饸饹的传送,独立的储物间保证了材料的充足,宽敞明亮的餐厅给客人提供了舒适的环境(见图4.11)。

① 秦忠明.毓秀龙门:风俗民情[M].西安:陕西人民出版社,2009:23-36.

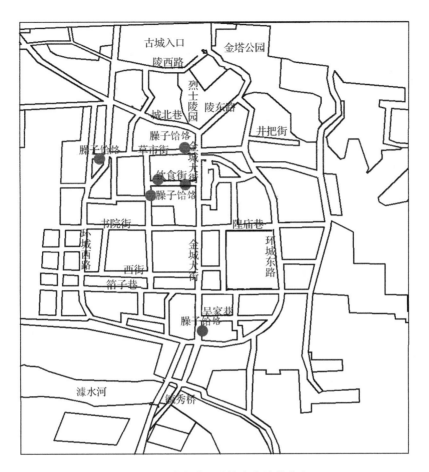

图 4.10　羊肉臊子饸饹在古城的分布

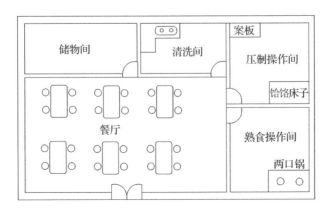

图 4.11　羊肉臊子饸饹的制作空间

羊肉臊子饸饹馆活动空间尺度以及主要功能见表4.6。

表4.6　羊肉臊子饸饹馆活动空间尺度以及主要功能

空间格局名称	长	宽	面积	功能
总占地	10米	6米	60平方米	羊肉臊子饸饹馆的占地空间
餐厅	7米	4米	28平方米	供客人用餐
熟食操作间	3米	3米	9平方米	饸饹回水、浇汤
压制操作间	3米	3米	9平方米	和面、压制饸饹
清洗间	2米	3米	6平方米	洗涤碗筷以及制作工具
储物间	4米	2米	8平方米	存放荞面、蔬菜、工具等

（4）周边环境。古城的羊肉臊子饸饹主要集中在古城饮食街。古城饮食街位于古城中心位置。古城饮食街东临古城最为繁华的商业大街——金城大街。金城大街是古城商业最为集中的一条街道，两边都是商铺。饮食街西邻古城最大的休闲活动场地——操场。操场是古城人们休闲之余进行休憩、锻炼的场所，每天早晨和傍晚，人们都习惯聚集在此活动。饮食街北边是古城民居——程家巷，据记载是古城程姓是名门望族的后裔；南边是古城文化一条街——书院街，这条街道汇集了古城的文化教育机构，有古城的司马迁中学、进修学校，街道两旁有大大小小的书店。这几条街道都是古城比较繁华、人流量比较大的街道，被这几条街道围合，饮食街的生意就不言而喻了，也为羊肉臊子饸饹带来了很大的商机。

（5）空间环境改造前状况。饮食街在古城有悠久的历史，这里本来是一条不是很宽的街道，两旁的饭店也很简陋，半开的操作间，在街道两旁摆放有供客人用餐的简单餐桌。用水很不方便，大多用水缸，也不卫生。店面门头非常凌乱。两边的客人坐满之后，中间只有一个很窄的空间供行人通过，很不方便。操作的油烟使得整条街道乌烟瘴气。

（6）空间环境改造后状况。饮食街后来经过统一规划之后，街道两边各向后平移了2.25米，使得整条街道增加了4.5米的宽度。政府对两边的店面、门头都进行了统一的改造。为了保留店面原来的传统风格，还使用了半开式的店面。整个店面门采用了古老的拼贴式门板，白天开张时候把门板一片一片拆下来,晚上打烊时候再安装上去。同时政府对饮食街的水、电、垃圾处理系统进行统一改造。改造之后,店面用上了自来水,干净又卫生;电路都在地下,电压也很稳定;市政对垃圾点进行了规划,垃圾统一处理回收,保证了饮食街的整体化境。

(7)对非物质文化遗产的利用。羊肉臊子饸饹本来就是民间的一种家常便饭,后来因为操作工序复杂,在家里已经很少有人做了,发展为民间的一种小吃。现在的羊肉臊子饸饹已经成为韩城当地的一种招牌小吃。现在韩城的各个旅游景点外的餐馆,大多售卖羊肉臊子饸饹。

4.秧歌、锣鼓

秧歌,顾名思义,它应该是农田里的农夫插秧时演唱的民歌。韩城秧歌根据记载,始于宋,形成于明、清两代,盛行于民国时期。韩城秧歌无论是表演形式和服装道具,还是音乐风格都有明显的地方特色。陕北人讲扭秧歌,长安人讲跳秧歌,而韩城人则是唱秧歌。唱秧歌多为二人对唱,分为男、女两个角色,男角色称为"丑角",女角色称为"包头"。韩城人把韩城秧歌叫"对对戏",秧歌在韩城带上了"戏味",这与韩城当时的社会文化环境有关。韩城秧歌在艺术表演上可谓"四不像"。一出秧歌,由开场、正曲、退场三部分组成。一般来说,开场部分,由丑角登场说表。这种说表段子很像数来宝,它和近年间形成的陕西快书有一定的关系。丑角的精彩说表,构成韩城秧歌的一大特色。秧歌迷这样夸道,"能说水,能说山,腹中诗书有万千"。秧歌的正曲部分自然是唱了,一男一女的套曲联唱又伴以舞蹈,很像二人转。而有些正曲部分则是演故事的小戏曲,很像是如今的戏曲小品。优美的唱腔和潇洒的舞姿使得正曲成为韩城秧歌最吸引人的部分。秧歌迷把许多光环套在他们推崇的艺人身上,为他们起了如雷贯耳的艺名。"一盆血,盆半血,白菜心,云遮月,人参苗子世上缺。一斗金,二斗银,满山铃,美死人。分州梨,玻璃翠。万人迷,真入味。"退场是一对艺人下场,而另一对艺人登场。惯常用的"四六曲"是:"这一把扇了七根柴,鹞了那翻身滚下来,咱二人不是捆柴的手,后场里请一个行家来。"这样,一晚上往往有六七组,甚或十多组艺人登台亮相,不同的说表,不同的歌舞,甚至还会有不同的小戏和观众见面，整个场面颇类似现代的歌舞晚会，丰富多彩，品味齐全，受人欢迎是很自然的了①。

韩城人民是在阵阵锣鼓声中长大的，无论是孩子、老人，还是姑娘、小伙，都对韩城锣鼓有着浓厚的感情。韩城锣鼓是从军鼓演化而来的。根据记载，元灭金之后，蒙古士兵在韩城敲锣打鼓进行庆祝，当地的百姓就模仿他们，后来将锣鼓发展成为民间的一种艺术活动。在传统的表演中，鼓手们要头戴布制的战盔，腰间束上战裙，表演时候为骑马蹲裆式，模拟蒙古骑兵的姿势。过去在祈雨的时候，人们才会敲锣打鼓，于是源于军乐的锣鼓就成为民间祭祀的鼓乐。如今的黄河锣鼓已经成为过年过节、迎亲等喜庆日子的一种表演活动，并且锣鼓活动一般和韩城秧歌相结合，一边行进，一边表演，其乐融融，表达了勤劳善良的韩城人民对美好生活的追求和向往。

（1）工具。韩城秧歌表演中很少用弦乐伴奏，打击乐器中很少用板、鼓，只用大锣、小镲和马锣三件。角色化妆的道具也很简单。"丑角"画白鼻梁或者白烟圈，头戴草帽，腰上围着白围裙，手上拿着旱烟袋；"包头"则是涂脂抹粉，手拿折扇或者手帕。锣鼓表演工具相对简单，主要是锣、鼓和镲三种乐器配合使用。

（2）活动时间。在古城里，秧歌、锣鼓表演一般出现在大型的庙会、社火以及大户人家的儿女婚嫁时，其中正月十五元宵节的秧歌表演规模是最大的。在古城的饮食街西端有个广场，这是古城举行大型秧歌表演、锣鼓表演等的主要场所，另一个主要场所是城隍庙里戏台前面的大院里。在这两个地方，秧歌、锣鼓表演是最为热闹，也是规模最大的（见图4.12）。

（3）活动空间分析。锣鼓和秧歌活动已经成为韩城人民节庆时最常见的活动表演，因为它们的活动形式是一种行进式的，所以活动的规模相对较大，活动的路线也比较自由。

---

① 秦忠明. 毓秀龙门：风俗民情[M]. 西安：陕西人民出版社，2009：45-57.

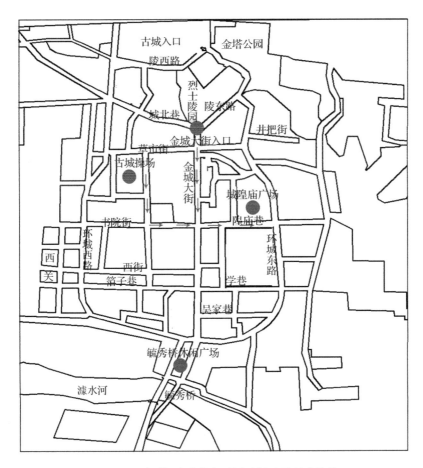

图 4.12　锣鼓、秧歌的主要活动场地及行进路线

秧歌、锣鼓活动空间以及尺度见表 4.7。

表 4.7　秧歌、锣鼓活动空间以及尺度

	街道或广场名称	长	宽	面积
古城	金城大街	—	4.5 米	—
	城隍庙巷	—	4 米	—
	学巷	—	3.5 米	—
	陵园路	—	8 米	—
	操场	120 米	80 米	9600 平方米
	毓秀桥休闲广场	200 米	60 米	12000 平方米
	城隍庙广场	50 米	38 米	1900 平方米

续表

	街道或广场名称	长	宽	面积
新城	太史大街	—	30 米	—
	龙门大街	—	21 米	—
	黄河大街	—	25 米	—
	金塔路	—	11.5 米	—
	太史园	150 米	100 米	15000 平方米
	禹殿园	200 米	90 米	18000 平方米

　　古城金城大街北端的入口处、古城操场、城隍庙广场和毓秀桥休闲广场等地方都可以给锣鼓和秧歌表演提供一定的空间，供人们在这里尽情地发挥。

　　(4)周边环境。通过调研可知，锣鼓和秧歌的主要活动场地是古城的几个休闲广场和主要街道。金城大街入口北临古城的陵园，陵园也是古城最北端的一个屏障，依山而建，曾经是韩城的兵家必争之地，现在是人们休闲、锻炼的公园。陵园两边是古城的民居建筑群。这里有着古城最为繁华的商业，犹如古城的主动脉一样。古城操场东邻饮食一条街，西邻古城的司马迁中学，北边是古城的工人俱乐部，南边是古城的书院街，这里是古城饮食、文化、休闲娱乐的聚集地。毓秀桥休闲广场西北两侧是古城民居，西边还有古城金城大街，南边是毓秀桥和澽水河，这里也是古城的最南端。有澽水河这个天然加湿器，经过统一的景观规划后环境优美，成为古城人民闲暇时间最喜欢前往的活动场所之一。城隍庙广场深处城隍庙中，在这里可以使人完全置身于一种传统文化的气息中，不自主地产生一种对文化的尊敬和向往（见图 4.13、图 4.14）。

　　(5)空间环境改造前状况。秧歌和锣鼓活动的场地，以古城操场为例，场地以前没有经过硬化，进行秧歌、锣鼓活动的时候经常是尘土飞扬。周边也没有经过统一绿化，给人一种光秃秃的感觉，特别是夏天炎热的时候，让人感觉热得无处藏身。周围的配套设施也不完善，几乎没有垃圾桶，每次进行完活动，垃圾满地，严重影响了环境。由于这些场地过大，以前的排水系统不是很完善，特别是雨天积水过多，天晴后会变脏变臭。其他的活动场所情况基本差不多。

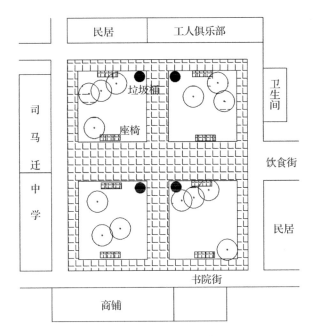

图 4.13　古城操场及周边环境平面图

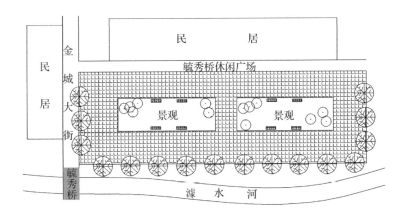

图 4.14　古城操场和毓秀桥休闲广场及周边环境平面图

（6）空间环境改造后状况。针对这些空间环境存在的问题，政府和相关部门做了相应的处理，对这些广场进行统一规划设计，然后针对不同的场地进行不同风格的硬化，操场用水泥硬化，金城大街入口用青石条铺设，城隍庙广场用青砖铺设，毓秀桥广场采用装饰砖铺设，同时对各个广场进行了景观绿化。排水和垃圾处理问题得到了很好解决，铺设了地下污水管道，每隔一定距离放置垃圾桶,使得环境卫生问题得到很大程度的改观。

(7)对非物质文化遗产的利用。以前的秧歌和锣鼓表演仅仅在逢年过节或有重大活动时才进行。现在的锣鼓和秧歌已经形成一种有特色的民间文化活动,经常外出进行比赛,在得到一定经济收益的同时,也带动了周围的商业活动。

随着锣鼓、秧歌活动的发展壮大,逐渐向新城的主要广场和街道扩展,这也说明了这些非物质文化遗产在发展的过程中,需要适应新的环境,才能更好地生存、发展和发扬。锣鼓、秧歌在新城的活动场所及路线见图4.15。

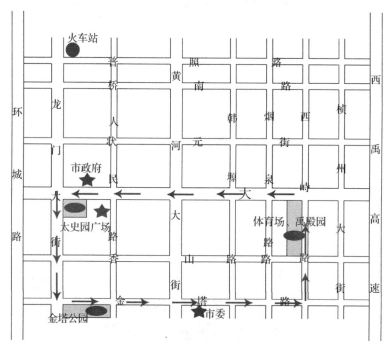

图4.15 锣鼓、秧歌在新城的活动场所及路线

5.城隍庙会

庙会在韩城古城这样具有文化特色的地方,内容是相当丰富的。古城附近有好多处庙会,起源于对城隍神和孔子的祭祀,后来逐渐演变成为民众的文化娱乐活动和商贸活动。城隍庙会在农历五月二十八和八月十八两次举行。城隍庙会起始于建庙之初,盛于宋元,这个庙会相对来说规模比较大,时间比较长,每次为期三天,每天都有对台戏大赛。三天赛事中,头尾都

要抬神像巡游,称"进庙""出庙",锣鼓喧天,铳炮轰鸣,气魄很大,热闹非凡。两台大戏对台,"东起西落",还有好多具体讲究。到第三天晚上,两台各唱"五插一本"(五个折子戏,一本大戏),直到天明。

(1)活动空间。城隍庙会主要活动空间分布在城隍庙的四个节点上,这四个节点分别为政教坊、威明门、城隍庙广场和德馨殿(见图 4.16)。这四个节点都提供一定的祭祀和教育的空间,人们在这四个节点进行祭祀、教育、娱乐等活动。城隍庙广场西边有个戏楼,是人们观看大戏的场地,庙会时节热闹非凡。伴随着热闹的庙会活动是古城繁华的商业活动,这一时期,也是人们进行采购生活必需品之时,整个古城呈现一片繁华热闹的景象。

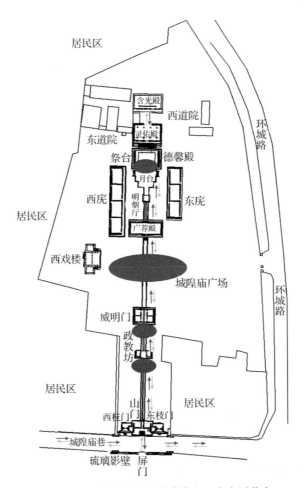

图 4.16　城隍庙会的活动路线和四个主要节点

城隍庙主要节点尺度如表 4.8 所示。

表 4.8　城隍庙主要节点尺度

活动空间名称	长度	宽度	面积	容纳活动人数(单位：个)
政教坊	12 米	9 米	108 平方米	100
威明门	50 米	38 米	1900 平方米	200
城隍庙广场	12 米	10 米	120 平方米	80
德馨殿	10 米	6 米	60 平方米	50

(2)周边环境。城隍庙东临环城东路,也就是原来韩城古城墙遗址,这条路现在是连接古城和新城的一条主要通道。环城东路上有城关中学和基督教堂。城关中学是古城里面唯一一座中学,有着悠久的历史,曾经一段时间城关中学就设立在文庙里面。基督教是古城基督教徒来这里做礼拜的地方。这里是古城的又一文化聚集地。西边和北边都是古城的居民区,旧时周围的居民经常来城隍庙上香火,以求得城隍保佑全家幸福平安(见图4.17)。南边紧邻东营庙,在政府的统一规划下,将城隍庙、东营庙和文庙贯通,成为古城的一个天然博物馆,供当地居民和游客参观。

图 4.17　庙会祭祀

(3)空间环境改造前状况。城隍庙是古城里面规模最大、保存比较完整的传统建筑群。这里曾经一段时间为古城城关中学。在作为中学期间,城隍庙里两边的配房都被作为学生的教室,一部分建筑被当作老师的办公室和会议室。城隍庙的广场被用来作为学校的操场。城隍庙广场本来有东西两座戏台,就是因为城隍庙被当作学校利用期间,为了扩大学校的操场,将东边的戏台拆掉，以至于现在城隍庙中仅存西边的戏台。本来东西两个戏台是为了城隍庙会期间唱对台戏之用，现在只能成为遗憾了。城隍庙作为中学期间，因为教学的需要，对其原来的建筑破坏比较严重。城隍庙建筑群也因为年久失修，部分建筑损坏比较严重，城隍庙里面的排水系统也遭到不同程度的破坏，特别是下雨天，城隍庙广场积水严重。

　　(4)空间环境改造后状况。城隍庙的受损情况受到政府和相关部门的重视，最后决定将城关中学彻底搬迁出城隍庙，对其进行整体保护。城关中学就搬到了城隍庙的东边，位于环城东路的西侧。政府将城关中学搬迁出来之后，根据城隍庙的有关文字记载和图像记载，对其进行修缮。主要对进入城隍庙大门到城隍庙广场道路两侧的景观进行了统一的规划设计，并且对城隍庙广场东侧拆掉东戏台的场地进行了设计，为市民和游客创造了一个绿色和谐的环境(见图 4.18、图 4.19)。传统建筑修缮方面，主要是针对德馨殿两侧的东、西庑进行修缮。现在东庑为韩城摄影家郭宗义以韩城文化为内容的摄影展览馆，西庑为古城的一些文化、文物资料的展厅。同时也对德馨殿后面的灵佑殿和含光殿进行了局部修复，使得城隍庙建筑群的宏

图 4.18　城隍庙中的主轴线及院落景观

伟壮观景象重新展现。配套设施方面，主要是对城隍庙的给排水系统做了现代处理，地下埋设污水管道，方便了雨水污水的及时排出，有利于对传统建筑群的保护。在城隍庙广场东侧新建外形和城隍庙建筑群和谐统一的公共卫生间，但卫生间的内部装饰则采用了现代科技，显得更加干净整洁。

（5）对文化遗产的利用。旧时城隍庙会，不仅是人们祭祀、祈求神灵保护的一个社会活动，在这期间，城隍庙广场会有秧歌和戏曲表演，热闹非凡，因而也是人们休闲放松的一个机会。庙会期间，城隍庙周围街道，以及古城主要街道商业活动一片繁荣，也是韩城人民进行货物采购的时间段。在政府的引导下，将城隍庙作为韩城古城天然的博物馆，一方面给市民和游客提供了一个活

图 4.19　街道也是庙会活动的主要场所之一

动空间，另一方面也展示了古城乃至整个韩城地区的历史和文化，同时取得了一定的经济效益。

6. 祭孔

文庙也叫孔庙、学宫，古时是祭祀孔子及其弟子和培育人才的场所。孔子是我国古代伟大的思想家、教育家，亦是儒家学派的创始人。他的思想更成为 2000 多年封建统治阶级的精神支柱。从汉武帝"独尊儒术"以来，历代帝王为表示对孔子的尊敬，不断加封孔子的尊号，并先后在全国

各地立庙祭祀孔子。特别是在唐贞观四年(630 年),所有的郡县都授命修建了孔庙。"大成殿"来源于孟子的:"孔子之谓集大成者"及宋徽宗赵佶尊孔子为"集古圣先贤之大成",可谓名副其实。进入大成殿,孔子的塑像赫然映入眼帘。塑像两边分别是述圣子思、复圣颜子、亚圣孟子、宗圣曾子。殿内四周悬挂着孔子一生各个阶段的典故,如"俎豆礼容"讲述的是孔子在五六岁时,和同伴做游戏,摆上俎豆等礼品,演习礼仪,其他儿童看到后,纷纷模仿着他的样子做,揖让有礼,后来,这件事情成为一段佳话,被广为传诵。

为了世代祭拜圣贤孔子,韩城每年都举行盛大庙会。在旧时,庙会一大早,前来文庙赶会祭奠者人山人海,近千人结队而来,唢呐声、鞭炮声震耳欲聋。人们在文庙门前街道排好队伍,虔诚地走进大门。抬着两张方桌,上面摆着签烛、点心、祭馍、水果等祭品;在后则是几支唢呐、高胡、二胡民间艺人组成的乐队。典礼沿用"三跪九叩"这一古老的传统形式,祭典场面壮观且肃穆庄严。典礼后于祠院"唱戏",在高胡的伴奏下,开始唱起秦腔,唱词都是颂扬孔子功德的。

(1)活动空间。祭祀孔子的活动场地可将整个文庙分为四个节点空间:第一节点是棂星门和戟门之间的院落;第二节点为戟门和大成殿之间的院落;第三节点是大成殿和明伦堂之间的院落;第四节点为明伦堂和尊经阁之间的院落。四个院落错落有致,都有特定的功能,第一院落古柏参天、景色优美,第二院落主要进行祭祀活动,第三、四院落有碑林和经书供人学习。参加祭祀活动的人在这四个院落游览、祭祀和学习,以示对孔子的尊敬以及对教育事业的重视(见图 4.20、图 4.21)。

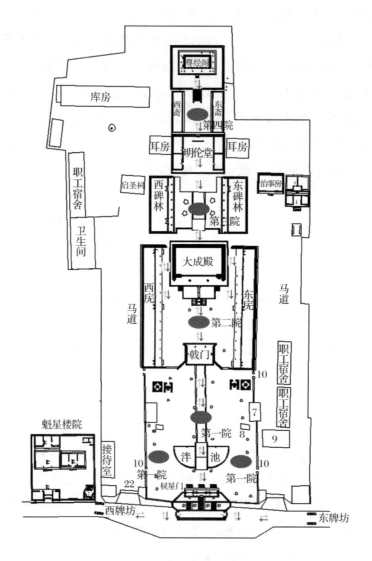

图 4.20　文庙祭孔活动分布及路线

图 4.21　文庙祭祀活动的院落空间

文庙主要节点尺度见表 4.9。

表 4.9　文庙主要节点尺度

院落	长度	宽度	面积	容纳人数(单位:个)
第一院落	50 米	45 米	2250 平方米	1500
第二院落	26 米	15 米	390 平方米	300
第三院落	20 米	20 米	400 平方米	300
第四院落	11 米	12 米	132 平方米	100

(2)周边环境。文庙是古城保护最为完整的古建筑群,和城隍庙位于一条轴线上。文庙东临学巷小学和环城东路,学巷小学位于文庙和环城东路之间。文庙建筑群曾经一段时间为学巷小学所使用,环城东路也在原来古

城墙的遗址之上。文庙西边是古城民居建筑，大多以四合院为主。再往南还是古城的民居建筑群。文庙北临东营庙，东营庙位于城隍庙和古城之间，现在已经三庙贯通，共同为古城天然的历史博物馆。

（3）空间环境改造前状况。文庙建筑群历史悠久，许多建筑局部在经历风雨洗礼之后有了很多残缺；另一方面，因为文庙内部排水系统陈旧，许多地方已经堵塞，不利于雨水、污水的排放，对文庙传统建筑造成了不同程度的破坏和威胁，文庙也因为曾经作为学校之用，这期间由于教学的需要，将文庙里面一些传统建筑拆除破坏掉了。文庙两侧的配房大多作为学校的教室，由于常年使用，许多地方亦需修缮。

（4）空间环境改造后状况。经政府规划决定，将学巷小学完全搬出文庙，对文庙进行整体保护，实现文庙、东营庙、城隍庙三庙贯通，作为古城天然的历史博物馆。同时，政府对文庙进行修复，根据资料记载，力求恢复原貌，并且合理利用了文庙里面的建筑群作为博物馆的展厅，实现传统建筑资源的合理开发。对文庙内部的配套设施也进行了充分的完善：在文庙大成殿的西侧修建三星级的公共卫生间，为市民和游客提供了方便；对排水系统进行管道铺设，有利于雨水、污水的顺利排放，保护了传统建筑群免受雨水、污水的威胁，也美化了文庙院落的环境；对文庙院落内部的道路进行了硬化，采用了青石条铺设，既耐用，又美观，还和文庙建筑群的风格和谐统一。

（5）对非物质文化遗产的利用。文庙的祭祀活动，带动了这一时期古城的商业贸易活动；利用文庙传统建筑作为古城天然博物馆，不仅给市民和游客提供了游览的环境，而且使城市获得了一定的收益，给进一步保护传统文化带来了资金，有利于文化产业的更好发展。文庙中的石雕群见图4.22。

非物质文化遗产的产生和发展不是孤立存在的，都是和其生存的空间环境有着密切的关系。从对古城的非物质文化遗产的活动空间分析可知，非物质文化遗产多以传统建筑环境为其生存和发展的空间。

图 4.22　文庙中的石雕群

4.2　物质与非物质的关系

4.2.1　概念简述

　　要深入了解传统建筑和非物质文化遗产的相互关系,我们必须知晓传统建筑和非物质文化遗产的概念、表现内容和区别。从表 4.10 中可以看出,非物质文化遗产与其他文化遗产相比,非物质文化遗产注重以人为载体的知识技能的传承,这些技能蕴含着民族具有的独特的地域文化、历史文化,以及特有的精神价值、想象力和思维方式,它们具有非物质形态、独特性、依附性、变异性、活态性的特点。物质性的文化遗产提供了非物质文化遗产产生、发展的空间;非物质文化遗产促生了物质性的文化遗产,某些物质性的文化遗产又包含了非物质文化遗产。

表 4.10　非物质文化遗产和文化遗产的概念

	概念	表现内容	区别
非物质文化遗产	从历史、艺术或科学角度看,具有突出、普遍价值的建筑物、雕刻和绘画,具有考古意义的成分或结构,铭文、洞穴、住区及各类文物的综合体;具有突出、普遍价值的单独或相互联系的建筑群;具有突出、普遍价值的人类工程或人与自然的共同杰作及考古遗址地带	民间故事、歌谣、音乐、舞蹈、戏剧、曲艺、杂技、美术、手工技艺、传统医药、习俗等十几类传统文化形式	非物质文化遗产关注的主要是精神、技艺和创造等非物质形态的因素
文化遗产	以非物质形态存在的与群众生活密切相关、世代相承的传统文化表现形式,包括口头传统、传统表演艺术、民俗活动和礼仪与节庆、有关自然界和宇宙的民间传统知识和实践、传统手工艺技能等及上述传统文化表现形式相关的文化空间	文物、考古器物、民间收藏的泥塑、雕刻、剪纸、历史遗址、遗迹、民居、村落、古镇、寺庙等	世界文化遗产所关注的主要是人工的、有形的、物质形态的文化遗产的保护

4.2.2　传统建筑和非物质文化遗产的共同点分析

传统建筑和非物质文化遗产有着很多共同的特性,从这些共同点中,我们可以发现它们有着千丝万缕的密切联系。只有通过对其共同特性的深刻理解,才能更好地了解其文化内涵,也才能更好地使其得到传承和发展。

1. 社会性

传统建筑和非物质文化遗产作为人类的遗产,经历了历史的洗礼。所谓的社会性,指非物质文化遗产的产生和发展都离不开人类社会,是人类创造能力、认知能力和群体认同力的集中体现,是人类社会活动的重要内容。它们的社会性主要表现在人类的精神思想价值、集体智慧的表现,以及人类共同协作、共同参与的各种综合体现等。这种集体创作是一代人或者几代人共同不断完善和创作出来的。

2. 历史价值

传统建筑和非物质文化遗产都产生于一定的历史时期,它们是一个时代的记忆和历史写照。从传统建筑和非物质文化遗产中,我们可以看出当时的社会现状、人们的生活习惯、人们的思维方式、人们的时代观念以及人们的审美观念等。它们代表着一个时代的主流风格和文化背景。它们是具有特色的一种历史现象,它们共同维系着一个时期的社会历史记忆、文化内涵,在不同的历史时期,会有着不同的传统建筑和非物质文化遗产的产生和发展。它们蕴藏着浓厚的历史文化,这些文化不是一成不变的,随着历史车轮的前进,这些文化也与时俱进地表现着当时的特定的特征。我们只有从历史的视野理解传统建筑和非物质文化遗产,才能更好地从它们的根源依托当时的历史背景,深刻理解它们的文化内涵。

3. 文化价值

传统建筑和非物质文化遗产既是一个时代、一个地区、一座城市的历史见证,也是具有重要价值的文化资源。传统建筑深刻地反映了一个时期人们的建造技艺、审美取向、文化内涵;非物质文化遗产代表了一个时期、一个地区人们的生活方式、民间传统技艺、民族个性等。非物质文化遗产主要由人类口头或行为方式相传,它曾被誉为历史文化的"活化石",也是传统文化的名片、基因。

4. 地域性

传统建筑和非物质文化遗产是一种历史现象,同时也是一种地域现象。不同的地域文化包含着地域的经济、社会、文化和技术因素。不同的地域历史、人文环境,创造了不同的非物质文化遗产和不同的传统建筑文化。它们在不同的历史时期和不同的地域,会有不同的表现。我们的传统建筑和非物质文化遗产之所以这么丰富多彩,正是因为多元化的地域文化影响的结果,如图 4.23 所示,韩城四合院对研究北方民居具有重要意义。

图 4.23 韩城四合院对研究北方民居具有重要意义

不同地域的自然环境对传统建筑和非物质文化遗产的产生、传承、保护和发展有着很大的影响，反之，不同的传统建筑和非物质文化遗产也反映着一个地区的自然环境、社会环境、历史环境，是这个地区的真实写照，两者相互影响、相互依存。

不同的地域提供给人们不同的行为活动空间，从而产生了不同的文化特色。一个地区的传统建筑和非物质文化遗产代表了该地区的特色，离开了特色的地域环境，它们也就失去了赖以生存的文化土壤。

5. 濒危性

随着全球经济一体化和现代城市的发展，我国很多传统建筑和非物质文化遗产正面临着消失的危机。本土的传统建筑和非物质文化遗产的保护和传承工作遇到了一些困难，和现代化进程的矛盾较为突出。现代城镇的发展使得传统建筑破坏较为严重，人们重视了城市建设，却忽视了对传统的保护；受市场经济的影响，使得非物质文化遗产的传承工作遇到较多的困难，人们往往忽视了传承时代遗留下来的宝贵财富，放弃了具有特色文化价值的非物质文化遗产的传承而去做其他工作，使得某些非物质文化遗产的传统技艺慢慢地被遗忘。如图 4.24 所示，传统建筑年久失修。

图 4.24　传统建筑年久失修

传统建筑和非物质文化遗产是人们世代相承、与群众生活密切相关的各种传统文化表现形式和文化空间，既是历史发展的见证，又是珍贵的、具有重要价值的文化资源，它们是全人类的珍贵财富，在世界文化宝库中享有崇高的地位。

6. 传承性

传统建筑和非物质文化遗产都是经历了千百年的文明发展的积淀，蕴藏着深厚的文化内涵。它们不论是从形式上，还是从内容上来说，都具有文化传承性的特点。传统建筑体现着一个时代人们的建造技艺、审美价值，无论是建筑的使用功能,还是建筑的独特外形,都是这个时代的真实写照,凝聚了一个地域人们的生活习惯和人文特征。非物质文化遗产通过民族的记录、记忆,继承和延续了一个时期、一个地区人们的生产生活习惯和心理特点,具有丰富的历史价值和考古价值。传统建筑和非物质文化遗产经历一个时期的风雨洗礼和各种文化的冲击之后,肯定会或多或少地受到影响;同时它们不是一成不变的,会受到各种外界环境的影响,需要我们更好地去维护、传承。城隍庙传统建筑修复如图 4.25所示。

图 4.25　城隍庙传统建筑修复

4.3　相互影响,共同发展

4.3.1　二者关系相辅相成,相互影响

对传统建筑和非物质文化遗产的关系进行深入研究的根本目的就是为了使非物质文化遗产在这种环境中可以健康地生存发展,也是为了可以更好利用它们的共同点,让其相互影响、相互作用。

1. 传统建筑是非物质文化遗产的载体

非物质文化遗产本身是无形的、可变异的,它是人们在认识自然、改造自然的过程中产生的,它的产生和发展一定程度上依附着传统建筑这个载体。传统建筑为其提供了良好的发展和传承的环境,非物质文化遗产在传统建筑中发挥着其特色的文化内涵。

2. 非物质文化遗产使传统建筑更有活力

非物质文化遗产是重要的文化资源,它承载着一个民族、一个时代的文化基因,体现着人们适应自然、改造自然的智慧、生活习惯和审美情趣。通过对非物质文化遗产的研究和深入了解,可以更好地领略地方的民间文化资源,把握好历史和地方文脉。非物质文化遗产不仅是文化资源,也是经济资源,利用旅游产业将非物质文化遗产和传统建筑结合,会使传统建筑更具活力。

3.互相制约,共同发展

传统建筑和非物质文化遗产是一个地方历史和文化的载体,如何将物质文化和非物质文化巧妙地结合,使其共同更好地得到传承和保护是需要重点解决的问题。在处理好它们关系的时候,缺少其中一方面或者找不好二者的契合点都是不行的。我们在处理两者关系的时候,一定要深入研究它们的本质和特征,对其进行有效的保护和合理的开发利用,使它们巧妙地结合起来,使其相互影响、相互制约,促进两者共同保护和发展。

4.3.2　非物质文化遗产的开发需要传统建筑空间的物质支持

对非物质文化遗产的开发,我们应该根据非物质文化遗产的产生和活动的具体状况进行研究分析,对于不同的非物质文化遗产应该采用不同的方法进行保护和传承。从非物质文化遗产在空间活动的方式来看,大致可以分为静态展示和动态展示两种,其中动态展示又包括了舞台再现、节日庆典和参与体验三种方式。在开发过程中,需要传统建筑给非物质文化遗产提供适合其发展的空间,离开这些空间,非物质文化遗产的开发就不能得到很好进行,甚至有些非物质文化遗产将面临消亡。

1.静态展示

静态展示主要是利用古城原有的传统建筑,在原有的建筑风貌的基础上经过适当的改造之后,建立以展示非物质文化遗产为主题的博物馆。非物质文化遗产博物馆可以将原来的很多动态的非物质文化遗产静态、直观地展现给参观的游客,是展示一个地区传统文化的窗口(见图 4.26)。

图 4.26　静态展示的石雕

2.动态展示

（1）舞台再现。古城非物质文化遗产中有很多戏曲、音乐、服装、舞蹈等，它们的展示和传承需要动态的演出。这些非物质文化遗产的展示需要一定的舞台背景，这样才可以使观众身临其境。在这样的环境中，可以使人们更为直观地感受到非物质文化遗产的内涵，对其传承和发扬都有很大的益处。古城城隍庙和中营庙的戏台，保存比较完好，可以对其进行适当修复，对其环境和设备进行适当合理的改善，这样可以使得传统文化得到更好的展示和发扬。城隍庙戏台秧歌表演见图4.27。

图 4.27 城隍庙戏台秧歌表演
（图片来源：韩城市文化馆）

（2）节日庆典。古城有着庙会和祭祀等传统文化活动，这些传统文化活动有着很强的时间性和流动性，并有一定的路线和特定的环境。古城古朴的街道为这些传统文化提供了行进的空间环境，街道两旁的商业也展示了当地的很多手工艺品和饮食文化等非物质文化遗产。古城的文庙、东营庙、观音庙等各种庙宇，是祭祀活动的主要场所，这些保护完好的传统建筑可承载并促进非物质文化遗产活动的进行（见图4.28）。

（3）参与体验。非物质文化遗产中很多传统手工技艺、饮食文化，在展示的过程中可以让参观者适当地参与，这样不仅可以提高参观者的兴趣，对传统文化加深记忆，还可以促进传统文化的传承和发扬，并且带来一定的经济效益。这种开发迎合了当前很多游客的需求，古城保存完好的传统四合院以及街道两边的商铺，经过适当的改造完全可以为参观者提供参与体验的空间环境。

图 4.28　城隍庙广场和戏台是文化交流的主要场所

4.3.3　传统建筑开发和非物质文化遗产的关系密切

古城是韩城作为历史文化名城的核心，有着丰富的非物质文化遗产，这些文化遗产依托古城的传统建筑空间生存和发展。为了使古城的非物质文化遗产可以得到更好的传承和发扬，对古城承载非物质文化遗产的传统建筑必须进行系统的开发和保护。

1. 以传统建筑为载体，开发非物质文化遗产需要的空间

古城有众多传统建筑，尤其是寺庙建筑群历史悠久、规模宏大。可以围绕韩城的民俗文化、儒家文化、道家文化开设陈列式的博物馆，供当地群众和游客参观；也可以结合韩城司马迁祠设立讲坛，从而吸引游客旁听；古城有几座保存完好的戏台，可以利用戏台开展民间戏曲、评书等演艺活动。城隍庙广场平面示意图见图 4.29。

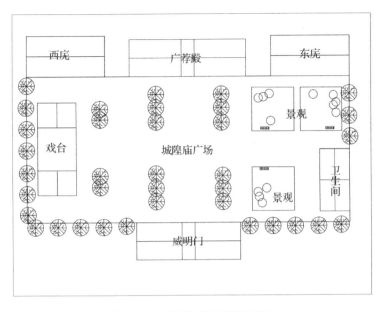

图 4.29　城隍庙广场平面示意图

2.根据历史资料的记载,恢复传统建筑的风貌,给非物质文化遗产创造传承和发展的氛围

任何一座有着历史的城市,都会因为时间的推移和各种历史原因,导致很多优秀的传统建筑遭到自然的或者是人为的损坏而不复存在,这给后人了解历史带来了负面的影响。可以根据历史的记载和相关专业人员的研究进行传统建筑的复制,使其恢复原来的样子,从而直观地展现历史的风貌。

3.对古城主街道进行开发,提供展示非物质文化遗产的平台

金城大街是古城的主要街道,南北走向,贯穿整个古城,是古城的中轴线,也是古城商业比较集中的街道。古城中轴线节点意向图见图 4.30。对古城的商业进行统一管理,整体规划,形成集传统民间工艺、民间饮食和特色的老字号店铺于一体的商业旅游一条街,能更好地展现非物质文化遗产并实现经济效益。

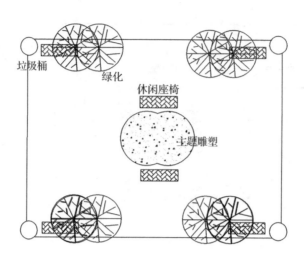

图 4.30　古城中轴线节点意向图

4. 对古城传统民居建筑群合理开发

四合院是古城一道靓丽的风景线。古城有很多保存完好、历史悠久的名人故居。可以通过合理地开发特色民居，例如将清代宰相王杰故居修复为名人居所博物馆；可以利用传统四合院，开发特色旅游住宿、餐馆和其他服务场所。

5. 开发古城体验坊，创造亲密接触非物质文化遗产的环境

结合古城古香古色的传统建筑环境，利用现有的街道商铺和四合院落，开发非物质文化遗产体验坊。对古城饮食一条街环境进行统一治理和提高，发展具有韩城特色的民间传统饮食文化，同时提供给游客一定的操作空间，用以亲身感受当地特色饮食文化的制作过程；利用特色的四合院落开辟出传统手工技艺的制作和传承的空间，给非物质文化遗产的传承和发展创造一个与其适应的空间环境，这样才可以使人们更为深刻地感受到非物质文化遗产的文化内涵。

6. 加强古城基础建设，为非物质文化遗产传承提供有力保障

对古城的配套设施进行完善，做到配套设施和古城传统建筑风格一致。利用古城有利的水环境，建设特色水休闲游憩区；结合古城的古建筑风格，进行仿古设计，达到和整体环境的和谐统一。毓秀桥休闲广场景观见图4.31。

图 4.31 毓秀桥休闲广场景观

4.3.4 对非物质文化遗产传承载体的营造有利于共同发展

非物质文化遗产源于丰富的民间文化,是人类生产生活经过岁月锤炼的升华。这部分文化有着悠久的历史,很多非物质文化遗产赖以生存的空间经过岁月的沧桑之后已经变得脆弱不堪,甚至有的已经损坏殆尽。这种失去了载体的非物质文化遗产,对它们的保护和传承难度较大。对于这类非物质文化遗产的保护和传承,我们应该给其营造出赖以生存的传统建筑空间。

一个地域的传统建筑反映了一个地域的历史和文化,也提供了当地非物质文化遗产传承的空间载体,从中可以折射出当地人的民间文化、生活习惯、审美情趣等。例如古城的戏台、鼓楼、乐楼、庙宇等传统建筑,不仅是古城的精神象征,更是古城人民当时活动的必要场所。这些场所是古代人交流和学习的"课堂"。对于这部分非物质文化遗产存在空间的营造,也是对当地传统建筑的补充。

4.3.5 传统建筑和非物质文化遗产相互关系的框架

从以上研究可以发现,传统建筑和非物质文化遗产有着密切的关系。它们的关系是在非物质文化遗产产生时期就开始的,它们相互促进,共同发展,形成了·个地方的特色文化,如图 4.32 所示。

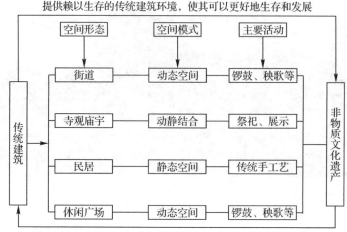

图 4.32　传统建筑和非物质文化遗产相互关系的框架

4.4　小结

　　非物质文化遗产是人类劳动和智慧的结晶,也是劳动人民创造力和想象力的体现,它反映了一段历史、一个地域的文化,是人民精神寄托的反映。非物质文化遗产的产生和发展都离不开其赖以生存的空间环境,犹如鱼离不开水一样。空间环境本身也是一个时期、一个地域生产、生活的产物,它有很强的历史性和地域性。空间环境从一定程度上决定和影响了当地非物质文化遗产发展的趋向,非物质文化遗产的发展不仅要依靠自身的传承和发展,还应该注重它们赖以生存的空间环境的延续。目前,国家对非物质文化遗产的保护工作已经取得了可喜的成绩,但是在保护非物质文化遗产的过程中还需加强对其赖以生存的空间环境的保护。

■参考文献

[1]王伟.传统建筑文化的传承与发展[J].大众文艺,2013(9):109-110.

[2]于亮.走向公共空间的非物质文化遗产[J].雕塑,2021(5):36-37.

[3]方琴,章明卓,马远军.浙江非物质文化遗产空间分布格局及影响因素探析[J].浙江师范大学学报(自然科学版),2021,44(4):459-466.

[4]黄永林,刘文颖.非物质文化遗产文化空间的特性[J].华中师范大学学报(人文社会科学版),2021,60(4):84-92.

[5]马娜,王颖.文化空间视野下的非物质文化遗产的良性传承[J].建筑与文化,2021(3):260-261.

[6]李思月.历史城区非物质文化遗产的物质空间保护:以岚城古城为例[C].面向高质量发展的空间治理:2020中国城市规划年会论文集(09城市文化遗传保护),2021.

[7]刘润生.非物质文化遗产的物质空间保护:以浙江省西塘古镇为例[C].规划创新:2010中国城市规划年会论文集,2010.

[8]尹笑非.非物质文化遗产视角下的城市文化空间建构[J].河南师范大学学报(哲学社会科学版),2019,46(5):116-120.

[9]林乐翔.面向非物质文化遗产展示的"空间体验"设计研究[J].工业设计,2019(7):103-104.

[10]温建.基于使用后评价的成都国际非物质文化遗产博览园的文化建筑外部空间研究[D].成都:四川农业大学,2019.

[11]车悦.非物质文化遗产及其物质空间环境共生性研究[D].西安:西安建筑科技大学,2018.

[12]代申勇,廖军,刘松,等.侗族传统建筑与非物质文化遗产的现状及保护措施和发展规划:以木杉村为例[J].贵州农机化,2021(2):28-30,38.

[13]周慧雄.文化遗产的另类保护:谈戏曲文化在江南传统建筑中的遗存[J].文物鉴定与鉴赏,2020(1):162-163.

[14]初楚,马凯,骆婧雯.非物质文化遗产视角下的传统建筑营造技艺探析:以江西省罗田村世大夫第为例[J].建筑与文化,2019(7):85-86.

[15]叶青,杨豪中.哈南寨传统建筑环境与非物质文化遗产的适应性保护研究[J].城市建筑,2018(5):23-26.

[16]魏梅安,苏吉雅,陈熙.民间生活与历史建筑保护:传统文化场所和克里奥罗人的林孔小屋[J].文化遗产,2017(6):40-50,157-158.

[17]高原野.传统民居与非物质文化遗产保护和运用研究[D].西安:西安建筑科技大学,2017.

[18]景蕾蕾.试析非物质文化遗产视野中的传统建筑营造技艺[J].艺术科技,2016,29(9):54-55.

[19]刘璐.榆林豆腐传统制作工艺与相关传统建筑的协调保护研究[D].西

安：西安建筑科技大学,2016.

[20]苗苗.山西省太谷县非物质文化遗产研究[D].咸阳：西藏民族大学,2016.

[21]张欣.非物质文化遗产视野中的传统建筑营造技艺[J].中国文化遗产,2013(3):48-54.

[22]张鸽娟,杨豪中.论传统村落建筑环境与非物质文化遗产的关系[J].四川建筑科学研究,2013,39(3):255-260.

[23]陈媛媛.西安非物质文化遗产及建筑环境适应性保护研究[D].西安：西安建筑科技大学,2013.

[24]陈媛媛.城市更新中非物质文化遗产和传统民居建筑保护的适应性研究[J].四川建筑科学研究,2012,38(6):279-282.

[25]刘托.中国传统建筑营造技艺的整体保护[J].中国文物科学研究,2012(4):54-58.

[26]王伟.韩城古城传统建筑环境和非物质文化遗产相互关系研究[D].西安：西安建筑科技大学,2011.

[27]唐静.传统民居建筑保护与更新向度研究[J].中国建筑装饰装修,2021(10):110-111.

[28]徐振远.传统建筑的美化与保护：北方民居的砖檐装饰[J].建筑工人,2021,42(8):41-45.

[29]别治明.传统建筑的保护与规划设计探讨[J].住宅与房地产,2021(15):92-93.

[30]徐振远.传统建筑的美化与保护：传统建筑的"装饰"与"装修"[J].建筑工人,2021,42(4):43-45.

第 5 章

对非物质文化遗产及传统建筑的
保护和可持续发展

经济的发展和城市化的推进给我们日常生活带来便利的同时,也造成了对很多传统建筑环境的破坏,使蕴藏在这些建筑中的非物质文化遗产因为失去了赖以生存的物质环境空间而逐渐地被遗忘。因此我们应该在发展经济的同时,时刻将保护工作做好。

■5.1 保护形势严峻的原因

5.1.1 自然原因

我国的传统建筑大多为砖木结构,由于经历了时光的消磨、风雨的长时间侵蚀等因素的影响,许多建筑因为年代久远、不受重视而受到很大的破坏。非物质文化遗产需要传承人去学习和继承,还需要一定的活动空间,随着时间的流逝,有的优秀的非物质文化遗产可能因为没有得到很好的继承而失传。

5.1.2 历史原因

在历史的变迁中,每个朝代都有自己特色的传统文化,不同的文化也导致了一些建筑风格被当时的朝代否定,因为战争等因素导致很多优秀传统建筑被破坏或是在后来的建设过程中被代替。抗日战争中,韩城古城的城墙,以及很多传统民居就是由于敌机的轰炸被破坏的。改革开放以来,我国城市建设蓬勃发展,一些传统建筑和优秀的非物质文化遗产在旧城改造和新农村建设过程中消失,严重地破坏了历史文化名城的格局。

5.1.3   社会原因

在现代城市和新农村建设过程中,初期由于对新农村的理解过于片面,过于注重城市的整齐,许多有悠久历史、艺术价值的传统建筑被当成是过时的破房子全部拆掉,取而代之的是所谓的钢筋混凝土的"洋房",千篇一律,失去了传统建筑本来的文化气息,磨灭了城市的文化和历史记忆。由于现在土地资源紧缺,在建设过程中,就只能把原有土地上的建筑物统统拆掉。经济的发展导致了许多非物质文化遗产的传承人放弃了非物质文化的传承和延续工作,而去做了其他收益更高的工作。

5.1.4   认识原因

非物质文化遗产在保护和传承的过程中也存在着一些问题。应该根据实际情况,对这些存在的问题进行客观、科学的分析,并进行适当的处理,不能让这些问题成为保护非物质文化遗产的绊脚石。

1.错误认识

长期以来,人们忽视了非物质文化遗产赖以生存的物质空间环境,认为非物质文化遗产只是一种无形的文化形式,且认为它们只是在民间自发产生的一种文化,和空间环境没有太大的关系。没有认识到非物质文化遗产所需要的空间环境的重要性,不经意间破坏掉了有些非物质文化遗产赖以生存的空间环境,这样一来,这些非物质文化遗产就无法正常地生存下去,逐渐地被遗忘,甚至消亡。

非物质文化遗产不是孤立存在的,它的产生和发展都需要一定的空间环境来支持,没有非物质文化遗产赖以生存的空间环境,非物质文化遗产就不可能很好地被传承。

2.传承问题

非物质文化遗产大多是人们在生产、生活中提炼出来的。这些非物质文化遗产因为不同的形式而形成了各种不同的传承习惯。比如很多手工技艺、医药、饮食文化,都是某一个家族特有的一种技能,这样就形成了只传直系亲属的现象。这种情况局限了非物质文化遗产的传承范围,使非物质文化遗产不能很广泛地在民间得到发展,只能是局限在一个很小的局域之中;

还因为各种特殊原因，甚至会导致某种特殊技能的突然失传。这些因素都给非物质文化遗产的传承和发展带来一定的局限性。因此我们应该打破这种比较传统封建的观念，根据实际情况，让这些快要失传的非物质文化遗产得到延续，应该因材施教，对有兴趣或者有潜力继承的人进行传授，这样才能使非物质文化遗产不断地延续和更好地发展。

3. 经费问题

非物质文化遗产产生于民间，长期以来没有得到统一的管理，这在很大程度上影响了非物质文化遗产的发展。近些年来，政府对非物质文化遗产进行了统计和管理，但是在民间逐渐形成了一种错误的认识，认为他们是在给政府延续这些文化，政府就应该完全承担延续这些文化的经费，这样一来，不但给政府带来了一定的压力，也对非物质文化遗产的传承很不利。在政府资金没有到位的情况下，有人不主动积极地对文化进行保护和传承。这是一种很消极的态度，严重影响了非物质文化遗产的传承和发展。

■5.2　非物质文化遗产的保护模式

5.2.1　非物质文化遗产的展示保护模式

非物质文化遗产的内容多样，展现形式丰富多彩。根据多年来对非物质文化遗产保护工作的总结，将非物质文化遗产的展示保护模式大致可以分为博物馆陈列、演绎空间、情景再现、创立文化节日等方法，这些方法各有特点。针对非物质文化遗产各自的特点，可为非物质文化遗产创造适合其发展的展示空间。

非物质文化遗产的展示保护模式如表 5.1 所示。

表 5.1　非物质文化遗产的展示保护模式

类型	释义	特点	活动的场地	适合对象	实例
博物馆陈列	以博物馆陈列展示的方法，展示静态的非物质文化遗产	可以更为直观地展示具有特色的民间风俗和传统手工技艺的相关事物	博物馆、文化馆、纪念馆、院落	传统手工技艺的物质载体	剪纸、木雕、花馍等

类型	释义	特点	活动的场地	适合对象	实例
演绎空间	为民间表演艺术和传统手工技艺提供一定的场所和空间，用来展示其表演或者制作过程	表演或者制作空间可以是舞台、广场、街道或角落，灵活性强，可以直接生动地展示出非物质文化遗产的"活态性"，让参观者有更多的亲身体验的机会，从而加深对文化的记忆	舞台、广场、街道、院落、角落空间	适合传统的表演艺术和手工艺制作	戏曲、评书、庙会游行表演、饮食文化等
情景再现	利用相关的建筑、人物再现当时的场景、仪式和人文活动，创造一个展现非物质文化遗产的"物质空间"	有很强的模拟性和再现性，通过创造的环境和演绎可以更为直接地展现当时的历史现状和人类的生产生活方式	广场、街道、寺庙	传统的风俗、节庆、礼仪	社火、祭祀、节庆表演等
创立文化节日	约定某一天或者某一时段为非物质文化遗产的活动日，在这个时间可以通过相关表演和组织活动展示非物质文化遗产	这种形式组织性、集体性、参与性强，可以直观地再现当时的活动状况	各种相关的场所	适合所有的非物质文化遗产	所有的非物质文化遗产

5.2.2　非物质文化遗产的空间保护模式

对非物质文化遗产本身的保护固然重要，但是对非物质文化遗产赖以生存的空间环境的保护也不容忽视。空间环境给非物质文化遗产提供了一个生存和发展的平台，只有这个平台满足了非物质文化遗产生存和发展的各种条件和要求，非物质文化遗产才能得到更好的传承和发扬。非物质文化遗产的空间保护模式大致分为原始保护、整体村落保护、文化产业保护三大类。对韩城古城传统建筑中现存比较完好的寺观庙宇的保护基本都遵循了原始保护的做法，保留了传统建筑的原真性，既保留了建筑本身的真实性，也为蕴藏其中的非物质文化遗产活动保留了适合其生存发展的原始环境。政府新建新城的决策也是为了整体保护好古城的一草一木，使得古城的传统文化气息永存。近几年来,韩城市政府非常重视对古城传统建筑的保护,对街道、建筑和配套设施进行大规模的修缮,并且合理地开发利用古城的文化资源发展旅游产业,最典型的就是将古城城隍庙、东营庙、文庙三庙贯通,作为韩城的历史博物馆。这不仅提高了人们的保护意识,还带来了一定的经济收益,给非物质文化遗产保护工作提供了有力的保障。

非物质文化遗产的空间保护模式见表 5.2。

表 5.2　非物质文化遗产的空间保护模式

模式	方法	特点	适合对象
原始保护	保护当地特色的村落、街道、传统建筑,适当改造其物质空间,尽可能保留原始的状态	对传统村落、街道、建筑进行修复,更好地保留原真性和地域性,再现非物质文化遗产空间环境的传统性	适合所有非物质文化遗产
整体村落保护	对当地非物质文化遗产比较集中的区域或者村落进行整体保护,发展特色村落模式	可以整体展现村落环境的原真性,给当地创造一个保护和传承非物质文化遗产的环境	非物质文化遗产比较集中、传统建筑保存比较完好的村落
文化产业保护	利用当地特色非物质文化遗产带动文化旅游产业,实现文化和经济发展的双赢	将住宿、餐饮融入旅游产业,可以加深游客对非物质文化遗产的记忆	当地本身已有丰富的旅游产业,非物质文化遗产比较集中,而且参与性比较强

5.3　传统建筑和非物质文化遗产的保护方法

5.3.1　对传统建筑的保护

传统建筑具有现代建筑不可取代的价值,要在进行城市建设的同时,处理好现代建设和传统建筑的关系,不是盲目地保护、仿造传统建筑,而是让现代建筑呼应传统建筑,使得城市的整体建筑风格、城市面貌达到现代与传统的和谐统一。

1.提升保护意识

目前对于传统建筑保护存在这样一些错误认识:“无用论”认为,传统建筑是落后时代、落后地方之产物,于当今社会毫无价值可言;“消失论”认为,随着建筑技术的发展和经济全球化,将使建筑失去地域特色而进一步趋同;"无为论"认为,在我国这样一个发展中国家,在传统建筑保护上不可能有太多投入,而终使保护无所作为。面对这些错误认识,我们必须充分认识保护传统建筑的艰巨性、紧迫性和长期性,树立保护传统建筑就是保护历史、保护家园的意识。

2. 借鉴国外的经验

在城市建设中,不可否认西方国家在处理现代和传统的矛盾问题上有着许多成功的经验。有些国家通常在城市规划的时候将传统建筑融入现代建筑设计之中,从而将城市的传统建筑风貌完整地展现给世人。对传统建筑的保护都有相关的法律、法规来约束,从而让保护工作可以较为顺利地进行,这样可提高全民对传统建筑保护的意识和责任心。我们应该从整体国情出发,从当地的地域文化和人文历史出发,取长补短,借鉴国外的某些经验,并将其加以利用。

3. 对传统建筑再利用

传统建筑大多主体结构基本完好,而如何改善其基础设施,使其褪去沧桑的历史负重而焕发生机是我们要努力探讨的。澳大利亚的《巴拉宪章》提出"改造性再利用"的概念,即对某一历史建筑在保证其外表和历史风貌的程度下最大限度地保存和再现。对传统建筑再利用,几乎成为最有效的保护手段,哪怕是最不起眼的仓库和厂房也是值得保留的,可以充分地运用它们的天然质感、独特的结构体系。古城的传统建筑很多被当成博物馆、文化场所、办公大楼、旅馆等,而最不起眼的民居也能够通过其独特的结构美而被改造成艺人工作室、餐饮场所等,并且它们的外表不需要再添加装饰(见图5.1)。

4. 创新和发展

"建筑特色危机"的问题已经是现代城市建设面临的一个社会问题,应该出台一系列相关的保护措施保证现阶段现代建筑和传统建筑的良性发展,确立并考虑出台一些措施来保证现阶段建筑的良性发展。继承和发扬优秀的传统建筑文化不能停留在简单的模仿上,要深入研究国情和历史文化,深入了解传统建筑的文化内涵,将先进的建造技艺和材料运用到保护传统建筑中来,并在现代建筑设计中加以体现和创新。

创作自己的东西并不是指简单地模仿和抄袭,应反对那种所谓的"克隆"。应该继承优秀的文化遗产,创造具有中国历史传统、符合现代精神,同

图 5.1　古城传统建筑的合理利用

时又符合各地方地域文化的传统建筑。古城在传统建筑的保护工作中,坚持了对传统建筑原真性的保留,对现在损坏比较严重的传统建筑进行原样修复(见图 5.2);对已经完全破坏的建筑,依据历史资料、文献记载和图纸记录,按照原来的建筑尺度进行再建。现已完成了对城隍庙、文庙、东营庙、庆善寺等传统建筑的修复,重现展现出古城原来的建筑风貌。

静止地继承、模仿,显然是跟不上时代步伐的。今天的建筑师,要利用先进的科学技术手段,并吸收外来文化和其他学科的先进理论来充实自己。我们既反对封建程式化的束缚,又反对盲目崇外、否定传统。只有将中国传统文化精神和先进建筑技术、理论基础有机

图 5.2　饱经沧桑的传统建筑

地融合在一起,才能让我国建筑业不断发展。

德国的旧城保护工作开展较早,面对东德亟待保护的历史名城和传统街区,政府采取了一系列措施,并把古建筑维护和古建筑保护做了明确分工,将古建筑保护列为政府的职能,而将古建筑维护作为政府部门职能以外的工作。具体做法是,确定需要保护的古建筑及街区,先明确现状,然后制订下列保护措施:列出保护范围;做出保护规划;制订保护规范。通过十多年细致的工作,原东德地区已经有144个社区得到政府的支持,基本上保留了原有街区的风貌,对勃兰登堡市的保护就是一个很好的例子。

5. 注重对整个聚落地域文化传承性的保护

传统建筑的产生和发展都是在一定的环境中,没有了这种特定的环境,就不可能产生具有地域特色的传统建筑。因此不能破坏古城传统的聚落格局,应该尊重古城人民的生活习惯。任何地区的传统建筑都不是孤立存在的,它必然与该地区人文历史、风土人情等环境因素紧密联系,保护的目的是为了更好地发扬和传承。因此,对古城传统建筑保护的思路不应该仅仅局限于单纯对建筑的保护,还应该有尊重环境的思想,强调对环境景观的整体控制、总体规划设计,合理继承和发展聚落式民居空间特色,结合地形、重点街道、建筑轮廓线以及相关民居体量、风格、建筑密度。除了考虑这些因素之外,当地居民的生活方式也应该是一个重点保护的内容,脱离人的建筑是没有生命的,只有把古城居民淳朴的生活方式保护并展现出来,才能使得整个古城建筑更有生命感(见图5.3)。

图5.3 文化遗产源于古城淳朴民间生活

6.采用点、线、面相结合的方式

韩城古城的传统建筑的整体保护程度较好,规模也比较大,有价值的景点分散在不同的地方,因此非常适合采用点、线、面相结合的保护方法。这种方法首先要从整个古城的地域范围入手,可以将古城博物馆作为古城文化静态展示的主要空间,将金城大街作为古城商业展示和动态活动的主轴线,将古城四合院合理开发,然后将这三者统一地结合在一起,形成古城完整、系统的传统建筑群景观。在此基础上结合韩城境内的党家村和司马迁祠,在细致调研的基础上重新整合旅游资源,将现在分散的资源按照一定体系有机地串起来,形成完整的景点体系。

根据古城建筑的实际情况,可以将整个古城划分成入口服务区、古城接待区(新街)、观光区(老街)、庙宇、院落五大区域,在接待区配以专业的接待人员。在游客正式进入涵盖了古城的所有重要建筑时,再利用濠水河、毓秀桥将这几个大的区结合在一起,并适当开发濠水河河滨区域,建设滨河休闲带。如此一来,就可以构建起完整的、有机的保护体系,在这种“一带五区”保护模式的基础上进一步挖掘和深化韩城古城独特的地域文化内涵(见图 5.4)。

图 5.4　利用环境优势打造文化生态休闲区

5.3.2　对非物质文化遗产的保护

1. 重视普查

非物质文化遗产大多存在于人们日常的生产生活当中，相比于传统建筑，它们不容易被发掘出来，这就需要我们进行深入、仔细的调查，将隐藏于人们生活中的原汁原味的非物质文化遗产挖掘出来，展示给世人。在调查过程中，我们要对非物质文化传承人、活动空间进行文字、图像、录像整理，让其充分展现一个时期、一个地域的历史和文化，应该做到"保护为主、抢救第一、合理利用、传承发展"。

2. 奖励机制

在保护工作中发现，大量非物质文化遗产濒临消亡，主要是因为非物质文化遗产没有受到重视。大多数非物质文化遗产的传承人没有得到很好的收益，而且非物质文化遗产没有得到政府和相关部门的支持，传承人看不到发展的希望，因此很多人选择了其他的职业。政府和相关部门要逐步完善对非物质文化遗产的保护投入机制，对优秀的非物质文化遗产加大资助力度，给传承人提供相关的优惠政策和经费，鼓励传承人进行传习活动，使非物质文化遗产后继有人。

3. 空间模式

传统的公共建筑都具有一定的空间，可以定期在这些建筑空间举行非物质文化遗产展示活动，例如将文庙定期开放，让当地群众在特定的时期开展社火表演、秧歌表演、行鼓表演等。这样既促进了各种民间文化活动的开展，又对当地文化是一个很好的宣传，一定程度上保证了非物质文化遗产保护所需的资金，也给传承者带来了一定的经济效益，提高了他们传承非物质文化遗产的积极性。韩城非物质文化遗产保护的空间模式如图5.5所示。

4. 处理保护和经济价值的矛盾关系

非物质文化遗产不仅是一个时期和地域历史文化的载体，同时也具有独特的经济价值，我们要为非物质文化遗产找到与之适应的经济发展结合

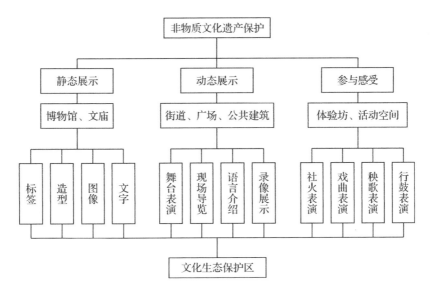

图 5.5　韩城非物质文化遗产保护的空间模式

点,使其产生一定的经济效益。政府相关部门应该给予大力的政策支持和经济资助,让其得到一定的价值体现,从而调动传承人的积极性,得到经济和保护的双赢。

5.4　可持续发展

5.4.1　融合促进,共同发展

对于我国的传统建筑,现在我们不能静止地继承和模仿。先进的建筑理念和技术给建筑业带来了可喜的前景,但是我们不能一味地追求现代的建造技艺,还要注重对民族风格和历史文化的体现。我国传统建筑有很多优点,体现着当时的建造技艺和艺术文化。我们应该将现代建筑的合理性、进步性与传统建筑独特的建筑风格和当地的民族文化相结合,将我国的传统建筑文化和现代的建筑技术、理论基础、先进材料等有机地融合在一起,只有这样才能更好地体现一个城市的文化内涵,也只有这样,才能使现代建筑具有长久不衰的生命力。具体见图 5.6。

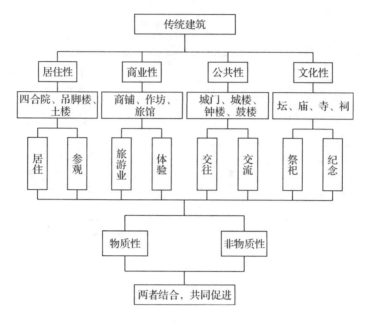

图 5.6   传统建筑和非物质文化遗产融合促进，共同发展

5.4.2   保护与旅游业相结合

传统建筑体现着一个城市的文化内涵，可以使人加深对历史的记忆。我们在新城建设或者是旧城改造的过程中，应该进行深入调查和研究，进行总体规划，对典型的传统建筑重点保护，将其发展为特色的旅游产业，提供相适应的配套设施。可以结合当地的民俗民风，开展有代表性的民俗活动，带动当地的旅游产业发展。非物质文化遗产很多是具有地方文化特点的手工技艺，将其开发成具有地域文化特点的旅游纪念品，不仅有利于非物质文化遗产的传承，还可以带来很多就业机会，创造可观的经济收入。非物质文化遗产在展示地域特色方面有其独特的优势，将其开发利用，作为地方旅游的一种独特资源，对经济的发展都会有巨大的推动作用。

5.4.3   法律法规约束

在保护传统文化的过程中，国家应该健全相关法律法规来约束建设过程中对传统文化的破坏行为，尽可能地将优秀的传统文化完整地保存和展现给世人，让人们认识到保护传统文化的重要意义。

5.5　小结

非物质文化遗产是祖先留给我们的财富,我们应该好好珍惜,也有责任保护好它们。随着经济的发展和城市化进程的推进,我们生活中很多宝贵的非物质文化遗产的生存环境发生了改变,受到很大的威胁,甚至遭到破坏。我们不仅要保护好这些非物质文化遗产,还应该对与其相适应的传统建筑进行保护、开发和利用。

参考文献

[1]王伟.传统建筑文化的传承与发展[J].大众文艺,2013(9):109-110.

[2]王伟.现代设计和传统建筑文化的融合[J].华章,2013(17):90.

[3]王伟,杨豪中,陈媛.建筑节能技术在新农村建设中的应用分析与研究[J].西安建筑科技大学学报(自然科学版),2014,46(3):4.

[4]王伟,杨豪中,李岚,等.生态建筑技术在新农村建设中的应用[J].西北大学学报(自然科学版),2015,45(5):819-824.

[5]代申勇,廖军,刘松,等.侗族传统建筑与非物质文化遗产的现状及保护措施和发展规划:以木杉村为例[J].贵州农机化,2021(2):28-30,38.

[6]贾慧娟.博物馆学视野下,蒙古族建筑背后的非物质文化遗产研究[J].中国民族博览,2021(3):3.

[7]初楚,马凯,骆婧雯.非物质文化遗产视角下的传统建筑营造技艺探析:以江西省罗田村世大夫第为例[J].建筑与文化,2019(7):85-86.

[8]景蕾蕾.试析非物质文化遗产视野中的传统建筑营造技艺[J].艺术科技,2016(9):2.

[9]张欣.非物质文化遗产视野中的传统建筑营造技艺[J].中国文化遗产,2013(3):7.

[10]陈媛媛.城市更新中非物质文化遗产和传统民居建筑保护的适应性研究[J].四川建筑科学研究,2012,38(6):279-282.

[11]熊璐.中国传统建筑非物质文化遗产的语法化数字模型探索:以广东竹筒屋和侗族鼓楼为例[J].古建园林技术,2012(2):6.

[12]高原野.传统民居与非物质文化遗产保护和运用研究:以洋县谢村民居为例[D].西安:西安建筑科技大学,2017.

[13]舒思瑜.传统村落景观与非物质文化遗产的保护与传承研究:以石堰坪村为例[D].西安:西安建筑科技大学,2016.

[14]王伟.韩城古城传统建筑环境和非物质文化遗产相互关系研究[D].西安:西安建筑科技大学,2011.

[15]政学东.非物质文化遗产的园林设计:以梁祝文化公园为例[D].杭州:浙江大学,2012.

[16]向云驹.解读非物质文化遗产[M].银川:宁夏人民出版社,2019.

[17]刘守华.非物质文化遗产保护与民间文学[M].武汉:华中师范大学出版社,2014.

[18]朱祥贵.非物质文化遗产保护模式创新实证研究[M].厦门:厦门大学出版社,2014.

[19]林青.非物质文化遗产保护的理论与实践[M].北京:人民邮电出版社,2017.

[20]陈华文.非物质文化遗产[M].杭州:浙江工商大学出版社,2014.

[21]罗微,张勍倩.2018年度中国非物质文化遗产保护发展研究报告[C].2018年度中国艺术发展研究报告,2019.

[22]李思月.历史城区非物质文化遗产的物质空间保护:以岚城古城为例[C].2020—2021中国城市规划年会暨2021中国城市规划学术季,2021.

[23]聂瑞.非物质与物质文化遗产共生保护研究:以铜川药王山庙会及其建筑环境为例[D].西安:西安建筑科技大学,2015.

[24]熊莹.基于梅山非物质文化传承的乡村建筑环境研究[D].长沙:湖南大学,2014.

[25]陈媛媛.西安非物质文化遗产及建筑环境适应性保护研究[D].西安:西安建筑科技大学,2013.

[26]张倩.历史文化遗产资源周边建筑环境的保护与规划设计研究[D].西安:西安建筑科技大学,2011.

[27]刘伟.中国建筑传统解释与继承问题中的体验方法初探[D].西安:西安建筑科技大学,2018.

[28]方琳,裘丹娜,王越.非物质文化遗产旅游资源开发管理的标准化路径研究[C].第十八届中国标准化论坛,2021.

[29]张丽,于水常,刘丹.历史城区非物质文化遗产的物质空间保护:以岚城古城为例[C].皖南佘溪村传统建筑环境适宜性解读,2017.

第6章

基于文旅融合的更新和复兴策略

■ 6.1 韩城市空间发展战略简述

6.1.1 门户地位不突出,区域边缘化风险大

1. 偏离发展主轴,门户地位被弱化

既不在国家城镇体系确定的陇海发展主轴之上,也不在陕西省城镇体系确定的轴、带之上,导致了韩城市区域的边缘化。所谓边缘化,是指在促进区域经济协调发展的过程中,由于韩城市在经济运输合作网络系统中占据的地位下降,对促进区域一体化中的经济参与度减弱,在实现区域产业整合提升的合作进程中已由主支配性地位转为被支配型地位,处于相对被忽略位置或相对被排斥的地位的现象。区域整合边缘化是韩城市由于自身辐射能力和吸纳能力减弱,经济发展相对滞后,经济结构升级较慢,对经济一体化的参与度降低而呈现的现象。

从陕西、河南、山西三省的规划拼合情况看,韩城并没有位于三省的任何一条发展的轴带上,门户地位正在被弱化。因为城市地域受到行政区划与地理位置的约束,所以往往导致一些位于边远地区的城市,和处于地域中央的城市之间形成了信息通道上的距离感。韩城市经济成长空间与发展潜力相对不足,城市经济发展还需加强,城市的地位有逐步边缘化的空间特征。边缘化地区的共同特点是城市地域定位的边缘性、土地资源利用的比较劣势性、经济与社会结构的相对软弱性,以及城市开发战略的被动性。

2. 属于通过型节点，交通地位边缘化

交通边缘化是由于所在经济区域交通网络的完善和周围地区交通的快速发展所导致的某些地区交通枢纽地位发生动摇，物流、人流、信息流、资金流大幅度减少的现象。韩城在国家高速公路网、普通国道网规划中仍然是通过型节点。但是近些年来，韩城也在努力提高自身与周边县市通达的便利性。西(安)韩(城)城际铁路，缩短了韩城与西安的通行时间。韩(城)侯(马)城际铁路，促进了晋陕区间的快捷通达和与华北京沪高铁的连接。韩(城)黄(龙)黄(陵)高速公路，使韩城穿过群山往西有了一个大通路。韩(城)宜(川)高速公路，则使韩城有了联系陕北与内蒙古的北上途径。108国道二期工程在 2016 年建成后，解决了困扰韩城多年的高速公路穿城难题。韩万公路大桥、京昆高速公路复线、合凤高速公路延伸线等，使韩城的外部联运方式有了更多可以考虑的可能性，将这些昔日的城市交通死角，变成了一个四通八达的中央交通枢纽。

尽管规划有西(安)韩(城)城际铁路，但仅为尽端式节点，不能融入国家客运主通道，还需加强区域联系。在交通方面，一些新的铁路、公路干线与韩城擦肩而过，甚至就直接从韩城境内穿过。这可能会减少韩城市的人流、物流、信息流和资金流，动摇韩城的交通地位。在众多新的交通干线与韩城擦肩而过的情况下，韩城可以转损为益，修筑支线，把韩城与这些交通干线连接起来，实现挂网联线。

韩城区域可达性较低，缺乏向西北、东南方向的通道，也缺乏与周边直接联系的国省道系统。随着西部区域的交通网络不断完善，设施持续改良，铁路和公路在保持原有迂回线路的同时，必将新建许多直达线路，以节约运输时间和运输成本，加速西部地区物流、人流、资金流和信息流运转的速度。这是西部地区交通产业发展的必然趋势。在这种趋势下，许多线路将不再经过韩城市，大量的物资和旅客也将绕开韩城市，韩城的交通枢纽地位将会被动摇，对韩城市社会经济的发展也会产生冲击。

6.1.2　区域中心性不强，周边城镇竞争激烈

1. 城市规模相对较小

韩城市总人口和经济规模在周边各市县的排名处于中等位置(见图6.1)。

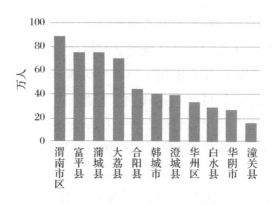

图 6.1　2014 年渭南市常住人口（万人）

尽管韩城市以钢铁、煤炭、电力、建材为支柱的工业经济保持了较快的增长速度，并且在未来一段时间内还将持续保持较好的态势，然而就其经济结构本身而言，仍然存在一些问题，这些问题有可能成为未来城市发展的阻碍。

2. 周边联系较弱，发展空间受限

韩城的公路客、货运量较小，人口流动量不大，平均运距较小（见图 6.2）。韩城对于周边有一定的辐射力，但影响有限，主要还是集中在市域范围和周边的县市。

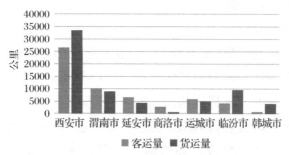

图 6.2　韩城与部分周边城市公路平均运距对比

韩城的交通体系还需完善，主要体现在以下几点：中心城区的快速道路系统功能不清；新城与老城的交通联系由于韩原 70 米高差的原因，给人行和车行都带来了不便，造成了新老城之间的联系不密切；城市主干道缺乏与老城内部道路的对接，几乎没有机动车支路；城市公共交通路线设置还需合理化，便捷度较差且城市缺乏公共停车场等。

3. 区域功能比较弱

缺少经营高端品牌的大型综合商场。中心城市居住区及现代服务业发展区位于市域中部地区,包括新城办、金城办等。这些区城商业发展基础好,历史文化资源丰富,是全市的政治、经济、商业、文教体育、旅游观光中心,未来主要为以轻纺、农副产品加工等产业为核心,并发展文化旅游、批发零售、住宿餐饮、休闲娱乐、金融商贸、信息会展、房地产等现代化服务业,逐步打造繁华的现代都市商业和区域服务中心。

老城在与新城的对比中,发展潜力还需加强。老城商业用地主要位于金城大街两侧,而商业建筑多建于明清时期,进深小,限制了大型商圈的发展。遗留的商铺依然以不变的销售方式与产品来应对消费需求逐渐变化的消费者,经营内容相似,销售服务对象档次较低,滞后于新城商业发展水平。老城区的商业店铺对城市商业增长的拉动作用有限。

教育设施以基础教育为主。21世纪以来,全市有高级中学7所,初级中学31所,职业中学2所,小学219所,幼儿园71所,在校学生数7.48万人,占总人口的约20%,表明了韩城市基础教育占据很大比重,高等教育发展较为缓慢。

旅游服务设施不足,四星级及以上酒店数量不多;中心城区的公共服务设施主要集中在新城办龙门大街和太史大街沿线,布局相对零散,规模小。未来应把重点放在增加城市公共设施总体规模和提高设施品质上,在整合已有公共设施的基础上,构建均衡、完善的公共设施系统。

医疗服务能力不强,缺少三级甲等医院。在医疗建设方面,以建设黄河沿岸区域医疗中心为目标,按照保基本、强基层、建机制的工作思路,全面提升医疗卫生服务能力,促进卫生事业发展。在增强全系统医疗服务能力、公共卫生服务能力、疾病防控、妇幼保健、综合监督等方面均取得了一定成效,但仍存在人才队伍建设薄弱、医疗机构建设与阶段性理想目标仍有差距、民营医疗机构发展基础薄弱、基础设施建设不平衡等问题。

区域内各城镇资源禀赋相似,产业发展方向单一且趋同。韩城市资源主导产业特色并不突出,在区域中面临激烈的竞争环境(见表6.1)。1978—2006年20余年间韩城市第三产业增加值增长了近150倍,增长幅度较大。经过20多年的发展,韩城市与陕西省三次产业比重位序基本一致。

1990年之后，受到旅游发展、高新技术产业支持的影响，陕西省第三产业比重占GDP的比例均位于30％以上，而韩城市第三产业比重常年位于30％以下，滞后于陕西省第三产业的整体增长速度，说明韩城市第三产业相对发展迟缓，产业内部结构有待调整。

表6.1 韩城市及周边县市的主导产业

城市	主导产业
韩城	钢铁、煤加工、石化、农产品加工
河津	钢铁、煤炭、电解铝
合阳	煤加工、农副产品加工、旅游
宜川	石化、农产品加工、旅游
黄龙	农牧种养殖、旅游休闲
澄城	煤加工、新能源
吉县	农副产品加工
乡宁	煤炭、煤加工、农产品加工、新型建材
万荣	冶金、化工、农产品加工、建材
临猗	纺织服装、运输装备制造、精细化工

6.1.3 城市发展动力较弱，产业转型压力较大

1.依靠投资拉动经济的增长模式，发展动力还需加强

韩城固定投资额/GDP增速长期保持在60％以上，但固定投资额增速开始下降，2014年比2010年下降近10个百分点（见图6.3）。投资对GDP增长贡献率从0.752下降为0.436，持续大幅下降。工业快速发展未明显带动就业增加。工业增加值增长了92.1％，但从业人员仅增长了26.4％。

工业产值与就业人口对比见表6.2。

表6.2 工业产值与就业人口对比

	2010年	2014年	涨幅
工业总产值（万元）	3658108	7028138	92.1％
工业从业人员（人）	27172	34355	26.4％

图 6.3　GDP 投资弹性系数图

由政府主导的投资拉动经济的增长模式使经济迅速发展,但是必须看到的是,这种由政府主导的投资虽然有其优势,但也存在着一定的缺点。政府投资"挤出效应"的存在,会减少民间投资,从而降低经济效率。要想改变这种局面,就必须从增加消费入手:一是增加居民收入;二是健全社会保障体系。

2.外延式发展面临困难,产业发展亟须转型

韩城钢铁、煤炭、煤焦化等企业出现亏损,以煤炭为核心的产业遇到困境(见图 6.4)。

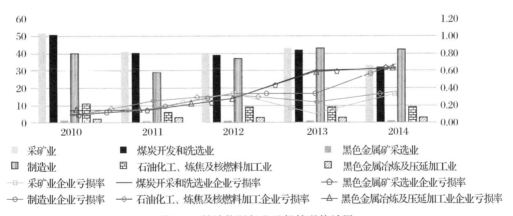

图 6.4　韩城能源行业亏损情况统计图

陕西省对韩城主要产业产能有明确的上限要求,产业进一步扩张发展受到限制。韩城位于陕西、山西、河南三省交界,晋陕豫黄河区域协同发展为韩城市在更大空间优化资源配置、增强辐射带动能力提供了机遇。韩城市通用机场和西安－韩城高铁开工建设，会带来商务流、人才流、资金流、信息流，创造经济发展新引擎、城镇化发展新空间。作为中国西部重要的能源化工基地，韩城可以加快承接东部沿海地区和国际产业转移，培育新的经济增长点。

近几年韩城经济保持中高速增长，目前处于新旧产业转换接续期。生产模式和消费模式转型升级为产业提出新的要求，也拓展了新的发展领域和空间。产业发展正在从主要依靠资源、速度、规模、价格转变为依靠质量、技术、服务、创新能力和品牌影响力的发展方式，技术变革、产品创新、商业模式调整等都为韩城产业发展带来了机遇。

与此同时，未来五年韩城也面临一系列挑战。第一，经济结构调整任务艰巨。投资拉动型经济增长方式仍未得到根本扭转，三次产业结构调整步伐还需加快，推动产业转型升级的任务十分繁重。第二，创新驱动能力还需加强。科研院所、研发中心的数量比较少，规模偏小，科技资源分散，科技人才总量小，企业自主创新能力不足，创新要素集聚不够。第三，培育新业态要求迫切。工业发展正在融合信息技术、互联网思维，进行高速进化迭代，传统制造业正在向轻资产、个性定制、智慧互联的方向转变。韩城多年来一直在发展钢铁、煤化工等传统工业，在培育新业态方面处于落后被动的局面。第四，节能环保压迫生存空间。韩城经济结构主要以煤炭、电力、建材、煤化工为主，废气废水超标排放、扬尘污染等问题十分突出，各级政府部门以及广大人民群众对改善环境质量的要求非常迫切，日益严格的环境保护法规倒逼经济发展方式转变，很多无法达到环保标准的企业面临着严重的生存危机。

6.1.4　资源缺乏整合，资源优势尚未得到有效发挥

1.对资源缺乏合理利用

韩城旅游发展现状与其资源丰富性、历史文化名城地位及陕西省旅游产业蓬勃发展的状况还不相符。韩城历史悠久，文物古迹荟萃，享有"文史之乡"和"关中文物最韩城"之美誉。同时，韩城拥有丰富的红色文化及红色旅游资源。2018年以来，韩城不断加大红色旅游投入，放大红色旅游品牌效应，并以"重走东渡路"项目为龙头品牌，结合党家村、司马迁祠等资源，策划推出了多条"红色旅游精品线路"。近些年韩城在红色旅游开发等方面作出了很大努力，也取得了较明显的效果，但是与其他红色旅游地区相比较，

韩城的红色旅游还存在一些问题。例如硬件发展上,游客集散中心建设还需完善,景区间零换乘尚未实现,党家村、梁带村遗址、普照寺等主要景区"最后一公里"路仍待打通。"韩城故事"景区品牌影响力仍然微弱分散,没有形成独特的地标式形象。

　　韩城古城因其较为完整的古城城市结构及丰富的历史文化遗产,在 1986 年被纳入第二批历史文化名城名单。旅游资源丰富、地理位置优越是韩城古城的主要特点。但古城外围空间旅游产业配套设施建设的启动对古城整体空间轮廓造成了一定的破坏。古城作为曾经的发展重心,在规划偏移后发展速度不够快。"新旧分离"政策的出台迫使韩城古城从繁华的核心区沦落为发展较慢的老城区,古城功能仅为居住和商贸,需要营造旅游气氛,同时,古城民居很多被空置,没有被充分利用。大量的人口流出与功能偏移使得古城出现功能缺失。旅游开发建设的主要目的是为了弥补古城由于发展中心偏移所造成的人口萎缩、功能衰退所导致的空心化现象,但单凭旅游与基础设施更新很难平衡古城空间结构保护与现代生活方式二者之间的关系(见图 6.5)。

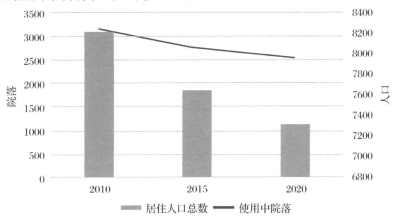

图 6.5　古城居住人口与院落使用情况趋势图

2.对丰富的旅游资源缺乏有效整合

　　(1)在区域旅游网络中定位模糊,协同水平需要加强,难以与其他城市形成联动。

　　首先,韩城旅游发展在陕西整体区域旅游网络中不突出,具体定位不明显。城市特色文化产业链尚未完全形成,在区域旅游网络中处于相对劣势地位。需要明确城市整体旅游形象定位和因地制宜地形成产业价值链。其次,旅游基础设施和配套服务设施需要完善,和周围的旅游城市,如西安相比有一定的差距。最后,与周边一些旅游城市相比,其文化与旅游产业的融合程度较低,文化与科技的创新性不高。

(2)与周边城市相比,品牌号召力不具有明显优势。

近年来经过不断努力,韩城旅游的发展取得了显著的成绩,党家村等韩城市著名的旅游景点,也被众多游客所熟知。然而与省内外其他历史文化名城相比,韩城旅游产业还需加快发展,与满足日益突出的个性化、年轻化的旅游活动需求还有差距。与此同时,与韩城相邻的山西省平遥古城等类似的景区相比,后者旅游品牌知名度更高,影响力更大,极易使韩城市旅游产业被替代,造成客源市场的分流。另外,韩城临近西安、延安、太原等城市,更容易分流韩城客源市场。韩城市周边城市旅游资源见图 6.6。

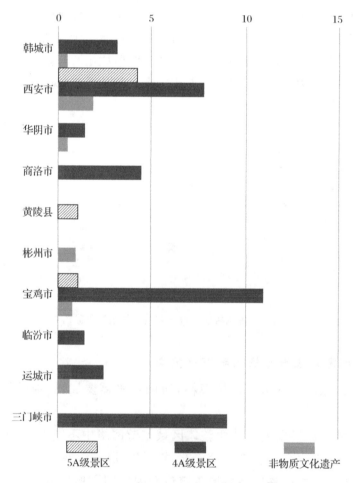

图 6.6 韩城市周边城市旅游资源统计图

目前,全国大多数省市都在积极发展旅游产业,抢占旅游资源市场,依靠当地的特色资源、人力资源,来吸引专业人才和产业投资,各地区之间的竞争非常激烈,所以韩城的旅游产业发展面临巨大的机遇,也伴随着巨大的挑战。

3. 对丰富的滨水景观资源利用不足

韩城虽然毗邻黄河,但由于高速分割和地形限制,黄河沿岸没有得到有效利用;城市最大的河流澺水河从古城边流过,由于城市北上台原的发展策略,澺水河沿岸长期不被重视。作为黄河岸边重要的工业能源与文化旅游城市,未来可将韩城建成连接渭河平原和汾河平原的重要节点城市,持续加快黄河沿岸区域性中心城市建设(见图 6.7)。

图 6.7　黄河韩城流域

在旅游业中,对水文化的反映是多角度、多侧面、多层次的。韩城市作为黄河沿岸城市,对水文化赋予相应的色彩对于旅游业的发展更有裨益。特别是现代化的互联网传播方式多种多样,对于文化的塑造和挖掘也越来越深刻,范围更加广泛,手法也更高级。如对桂林山水的宣传上,将实景、开发、生活等多方面融入水文化,利用水资源深度挖掘水文化的价值,提高其在旅游业中的地位。

韩城市对于水文化的挖掘利用还不够，在建设发展过程中没有充分地利用好水资源，也没有充分认识水文化对旅游业的重要意义。目前，韩城市需要充分地利用这一宝贵资源，加快水文化在旅游业中的深层次开发。

4. 对空间资源缺乏合理布局

交通及市政廊道穿越城区，分割了城区空间。由于国道、铁路、市政廊道将城市分割，城市未来发展方向需要进一步明确，用地资源需要整合。

6.1.5 城市吸引力不足，环境品质有待提升

1. 城市综合功能有待增强

城市区域内的政府、火车站、购物区、酒店、体育中心等城市公共服务设施和场所相对完善；电子产业、创意产业和博物馆分布在城区东部。区域内缺乏高端城市服务场所，主要缺乏知名品牌打造的百货商场和覆盖全市的文化场所。韩城与周边城市主要公共设施对比见图6.8。

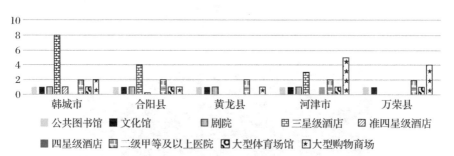

图 6.8　韩城市与周边县市主要公共设施对比

韩城市部分城市功能薄弱，如教育、卫生、旅游、会议展览等，对知名企业和外来人口，尤其是高端人才的吸引力较低，与周边城市形成鲜明对比（见表6.3）。空间布局相对不平衡，新建居住区人口快速增长，东部部分地区未能做到就近入学；还需完善教育体制，注重发展基础教育，发展高等教育，培养技术人才。一些学校缺乏教育用地，运动场地较为缺乏。

表 6.3　韩城市与周边城市基础设施对比

	韩城	河津	汉中	渭南
高等学校、高等职业学校(所)	0	0	3	1
中等职业学校(所)	2	4	13	42
医院、卫生院(所)	17	41	—	291
医院卫生院床位(张)	2068	1890	17400	20832
图书馆、文化馆(个)	2	2	12	23
酒店(四星以上)(家)	119(0)	64(2)	221(12)	265(3)
会议、会展中心(个)	0	0	0	1

　　旅游定位模糊会对古城的发展产生一定的负面影响。随着韩城市重点发展古城旅游,古城开始呈现旅游商业化和原住民流失。可利用当地悠久的历史文化,创造一个可识别的、可持续的、充满活力的古城空间形态,延续古城文脉。韩城市位于西北地区,经济发展相对落后,但具有丰富的旅游资源。韩城市第三产业发展相对缓慢,产业内部结构有待调整。韩城的商贸、文化娱乐等产业的发展还需加快。

2.整体环境品质有待提高

　　(1)新城缺少"靓点":新城建设缺乏重点区域,中心不突出。

　　城市形象和特征不够清晰,缺乏标志性建筑,整体形象不突出;历史保护和文化传承力度还需加强,城市的魅力没有得到充分展示。

　　(2)老城缺少"提升":老城缺少品质和功能方面的提升,对历史文化的展示不够全面。

　　本书从三个层面进行了论述。第一个层面是历史语境。古城文化资源种类繁多,聚集程度高,但影响力有限。农耕等传统文化"离家出走",逐渐淡出人们的视野,不再像以前那样受到重视。第二个层面是原始空间。古城东侧原有地形地貌被新建筑替换,部分地区在改造过程中城市肌理被破坏,部分历史建筑只实行了"挂牌"标识的保护手段,实际的维护程序不够完善。第三个层面是空间连接。古城的主要街道和一些具有地域风情的住宅几乎都是向游客开放的"风景点",居民的生活场所也被规划为旅游点,没有明确的"公共—半公共—私人"三层空间体系。土著居民日常生活和游客的旅游路线相互交叉,次要街道的服务对象亦不明了。

■6.2　文旅融合的更新和复兴策略

韩城可围绕整合司马迁史记文化、黄河文化、古城文化旅游区和党家村文化风景区等资源，规划并建设发展一批特色的新景区，加快高水平旅游服务建设，创建文化精品景区，打造史记文化、黄河文明文化等品牌。

随着 2018 年政府机构调整，文化和旅游部成立，文旅融合成为热门话题。这一轮文旅融合热潮是在我国经济已经进入高质量发展阶段、消费升级的背景下提出的，文旅融合必须围绕满足人民群众对美好生活的向往这个中心，重点是丰富和提高人民群众的精神消费。目前，韩城市正处于着力转变工业发展的方式、优化城乡经济结构、转换消费增长主动力的关键时期，文旅融合创新是培育发展新业态的主要经济增长点、形成产业新经济动能体系的关键举措，也是着力促进现代文旅产业全面可持续发展、全面改善保障民生关系的基本实现路径。文旅融合已不是上述二者概念的简单叠加，文旅融合的创新模式路径，不仅关系到韩城文旅产业结构调整升级转型和社会经济高质量健康发展的顺利进行，也是让社会经济发展各项成果实实在在惠及人民群众、增加百姓社会福祉新的实践出发点和现实落脚点。

6.2.1　推进一体化大景区开发

1.全面激活韩城优势旅游资源

可形成一个以文物古迹、自然景观、观光游览接待等业态为主要功能，以饮食、旅游、交通、商业、娱乐综合服务体系为核心支撑的国际性休闲文化度假区和创意旅游及创意产业项目集群，构建起一环、三带、五特色区、十大创新产业集聚区等的区域旅游业战略空间布局。以生态绿道、亲水蓝道、文化紫道为主题打造旅游循环绿带；以国道黄河旅游线路及东部的朔黄高速、108 国道、西部的连绵起伏不断延伸隆起的山脉群带为战略基础及依托，以黄河风情、历史文化、生态度假休闲为主题线路为牵引中心的主题旅游，全面提升引导、带动并充分激活国道韩城旅游一线优势资源；重点构建形成了溥彼韩城生态旅游与综合文化度假核心功能区、黄河旅游文化艺术博览主题馆区，以及古风追溯司马迁文化主题体验区、奕奕梁山生态休闲体验度假区、梁山下农业示范区等主题功能区，实现旅游全域化目标。集中精力构建与打造以褐马鸡国家自然保护区、雷寺庄国有林场、绸子山国家万亩野生核

桃示范园为发展核心优势的北部丘陵山地生态度假休闲观光产业生态集
群;以建设猴山生态园(见图6.9)、牡丹山风景区为开发核心特色的(猴
山-牡丹山)旅游健康度假养老产业集群;建设以金银湾峡谷生态旅游区、濛
水河峡谷漂流为项目核心的濛水河上游河谷型乡村文化度假养生产业生态
集群;建设以晋公山滑雪场、景峰生态园,以及香山红叶公园为产业核心
的(晋公山-香山)生态户外运动休闲观光产业生态集群;打造以清水谷温
泉,以及清水村景区为发展核心的清水河谷健康养生温泉度假休闲区;打
造以龙亭现代农业示范园、金太阳现代农业试验园等为核心(龙亭-芝阳)
的农业生态休闲观光产业开发集群;打造以司马迁祠核心景区、国家文史
公园博物馆为核心的农业文史主题产业集群;打造以韩城古城(见图
6.10)、韩城新天地、北关风情商业街为产业核心的韩城古城生态文化及
休闲养生旅居经济集群;打造以党家村和古堡、梁带村遗址公园等为发展
核心的(党家村-梁带村)文化休闲聚落及产业园区;打造以禹门口、龙门
景区、龙门镇公园为区域核心的(石门-龙门)黄河风情生态观光旅游产业
休闲区。

图 6.9　韩城猴山　　　　　　　　图 6.10　韩城古城

2. 统筹推进"旅游+"

文化遗址旅游项目是依托文化属地历史宗教、遗址群和众多名人故居
等特色文化元素综合打造而成,是促进区域经济发展的潜在动力。开发项
目形式主要包括文化主题公园、宗教文化景区、历史文化遗产景区、影视文
化基地等。要加快推动乡村全域农业休闲和旅游综合设施标准化建设,对
照标准规范,指导地方相关行业创建工作,主体单位应积极主动结合各自地
方实际要求,探索和制订当地各类农家乐、民宿标准,推进当地旅游服务专
业化、标准化。

3.深化一体化大景区发展模式

深化大景区旅游融合战略，形成省、市、县域间旅游区域一体化创新模式。牢固树立旅游大景区的融合观念，进一步坚持解放思想，强化景区统筹规划，促进市域旅游的产业优势集群化、旅游业态要素多元化、旅游项目发展模式一体化、旅游要素服务模式信息化，推动旅游业健康发展。

6.2.2 打造文化遗产廊道

1.推进文化遗产的系统保护

（1）实施文化遗产系统性保护工作。政府工作部门要进一步因地制宜地做好统筹规划，综合分析和科学考量政府各个具体职能部门的相关职责，推进保护工作。首先，各部门应充分交流和协调，就今后保护工作制订长远规划。其次，建立一套常态化保护合作机制，以达到便于统筹规划保护文化遗产的目的。最后，要注重对历史村落及遗存文物的保护工作。

（2）创新非物质文化遗产传承模式。要重视政府对濒危非物质文化遗产的保护及开发，建立濒危非遗数据库，用各种图像技术等新方法来收集保存濒危的文化遗产资源，实现濒危文化遗产资源信息管理电子化、数据化。同时，要重视对优秀民间艺术及传承人的保护。

6.2.3 全面推进国家级景区创建

着力精心打造司马迁祠墓、韩城市博物馆、党家村古建筑群（见图6.11）、梁带村芮国遗址博物馆等 AAAA 级景区，法王庙、北营庙、黄河龙门等 AAA 级景区。

图 6.11　韩城党家村

6.2.4　构建文化旅游产品体系

文化旅游相关产品应是旅游重要的组成部分,现有文化旅游相关产品的开发思路应更多倾向于从游客角度出发,例如简化流程、增加景点现代时尚气息等。文化旅游产品的设计开发以前多限于旅游固定景区,当地居民可能得不到切实利益,不愿参与。全域综合旅游理念的正式提出,为研究解决这一深层次矛盾提供了新的思路。当地居民合理传承、修复、保护、利用当地资源,构建一套种类多样、内涵丰富的文化旅游产品体系,一方面将为游客直接提供原汁原味的文化旅游产品,另一方面则可以让当地居民共享旅游发展而带来的经济效益。

6.2.5　推出各类文化旅游产品

整合本地优势资源,深度挖掘并开发相关旅游产品,打造诸多特色鲜明的产品体系。依托智慧景区建设,加大旅游市场宣传力度,提升市场吸引力。打造夜间旅游产品、民俗产品,拉长游客停留时间。提供通票优惠政策和重点景区免费接送,增加游客参观旅游景点的数量和次数。设计视觉标识,创立主题口号,抓住各种有利的宣传及推广时机,开发旅游纪念品。建立高素质导游队伍。强化文化资源创造性转化,推进业态融合。有着一定的人文历史知识的消费者的重游率可能会高于一些普通消费者,他们对韩城的历史文化内涵会保持较高的兴趣。

1. 推进"智慧＋"、数字文化建设

推进国家"智慧＋"、数字文化建设等文化战略,积极引进利用各类新功能材料、新工艺、新设施装备,提高各类旅游产品的技术含量。加强各类文化遗址遗迹保护区的保护性开发,运用各类高科技,打造与众不同的特色文化体验,吸引大众参与,丰富景区旅游产品体系。积极研究推动国家级非物质文化遗产进入全国旅游示范景区、旅游度假区,出台有关支持区域性非遗传承人有序开辟文化旅游新市场方面的鼓励政策。

2. 加强文化旅游产品开发设计

文化旅游产品创意开发是产品开发最为重要的环节之一,从严格意义上说,在产品设计过程中,会同时对该产品的风格造型、产品的附加功能、产

品所用的材质、产品定位的消费对象、产品的市场营销传播模式等产生一定影响。

6.2.6　塑造文化旅游品牌

塑造"史记韩城·风追司马"为主题的品牌，树立旅游服务新形象，提高旅游知名度与辨识度。巩固西安、太原、郑州等秦晋豫大中城市客源市场。深化拓展西北地区、以北京为代表的环渤海都市圈、中部地区和以成都、重庆为代表的大中型城市。积极培育长三角、珠三角经济发达地区等中增长、低占有率市场。以"申遗"为抓手，启动高端媒体、重点旅游目的地广告宣传，融入大西安旅游圈，对接大型旅行社，设立大中城市旅游营销中心，运用国际营销、文化营销、事件营销等多种现代营销手段提高韩城旅游产品在全国的知名度与市场份额。

1. 加强韩城文化资源建设

韩城中因存有明清时期的四合院建筑并且保护得当，故而有"小北京"之名。韩城历史悠久，人类活动的踪迹可以追溯到旧石器时代，在这期间诞生了诸多历史人物，产生了众多珍贵文物，有"文史之乡"之称。元、明、清古建筑遍布城乡，其中元代建筑占全国的六分之一，堪称陕西之最。大型民俗旅游剧《韩城人》在 2017 年上演，不同于一般舞台剧，它是韩城市文化旅游蓬勃发展的产物。

韩城在坐拥大量优秀自然、人文资源的同时，正在加快旅游城市建设。目前，韩城正在以跻身全国百强、建成区域中心、打造黄河西岸明珠城市和打造国内知名旅游目的地为目标，全力奋进。其中，由韩城市政府联合陕西文化产业投资控股（集团）有限公司共同打造的韩城市"史记韩城·风追司马"文化景区，是陕西省"十二五"规划中的重点文化产业建设项目。该景区致力于韩城古城、司马迁祠、黄河湿地等资源的保护和开发，把韩城建成集文物游、文化游、黄河山水游和农业观光游四位于一体的综合性旅游目的地。韩城分两步实施旅游振兴计划：第一步，搞好硬件建设，增强自身实力；第二步，加强宣传策划，扩大韩城旅游的知名度和影响力。

（1）提高硬件建设。在硬件建设上，韩城立足司马迁祠、韩城古城、古城三庙、党家村、梁带村遗址、普照寺、大禹庙、黄河龙门等重点旅游景区的改造,对境内所有景区景点进行品质提升。除此之外,韩城还开发了黄河峡谷、猴山、香山红叶、清水温泉等一系列具有自然风光的旅游景点。韩城的旅游景区景点,不但品质得到了很大提升,而且品种也大大丰富。过去,人们来韩城,看的只是城庙;而现在,除了人文景观外,来韩城,能看的,能玩的,还有很多自然风光。旅游体验和过去大不相同。

(2)加强宣传策划。韩城在旅游宣传、策划上,需要做出特色与效果。为了让更多的人知道韩城、了解韩城并来韩城旅游,韩城市策划了"2016 韩城旅游年"活动,推出了十大旅游产品、十二个旅游文化节、六大高端论坛和五大艺术盛宴,"月月有主题,周周有活动,天天在升温",不断推出的韩城灯会、民间社火大赛、民祭司马迁、黄河沙滩风筝节、黄河沙滩露营节、黄河国际音乐节和韩城灯光节等持续不断的活动,一下子引爆了韩城的旅游(见图6.12)。通过短短几年的打造,韩城旅游业已经实现了转型。旅游,作为一个新兴的支柱产业,在韩城经济发展中的地位越来越重要,旅游的品牌影响力也越来越大。

图 6.12　韩城民俗活动

2.扩大旅游品牌的全面宣传,提高知名度

充分借助现代市场营销手段,完善旅游领域开发理念、推广方式和营销策略,借助科技、网络、传媒等现代快捷传播方式和举办主题活动、设置广告牌、加强景区协作力度等传统宣传方式,不断扩大旅游品牌的宣传力度,提高知名度,巩固既有消费市场,同时开拓新的消费热点和市场。

一是韩城市必须与各主流媒体建立长期的合作关系,不间断对韩城的旅游形象进行宣传,加深游客对韩城旅游的认知感和认同感;二是韩城市可以借助大型文化传播公司,将当地的民居瑰宝党家村、人文史圣司马迁、梁带村两周古墓葬遗址等拍成专门的纪录片等在全国热播;三是积极开展与国际国内及周边景区的协作,整合多种旅游资源,对外发行"旅游一卡通",让游客以较少的花费游览多家景区,争取让更多的人了解韩城旅游;四是联合重点景区、星级饭店、著名餐饮企业、大型商场以及航空公司等,通过"餐饮送旅游""住宿送旅游""购物送旅游"等不同途径和多种形式,向广大新兴客源市场派送门票。通过这些措施,可以有效地将韩城悠久的历史文化资源加以展示,让更多的游客来韩城旅游,体验传统民俗文化、名人文化、古建筑文化、黄河文化和特色商业饮食文化等,得到不一般的旅游体验。

3.改善交通通达度,加强地区可进入性

2017 年 12 月 7 日,西韩城际铁路举行开工仪式。2018 年 3 月,西韩城际铁路渭蒲特大桥正式开工。作为关中城市群城际铁路网的重要组成部分和陕西省"十三五"重点建设项目之一,西韩城际铁路项目的建设将直接影响沿线近 700 万群众的出行。西韩城际铁路的建设,进一步带动韩城融入西安一小时经济圈,促进沿线旅游资源开发,推动渭北地区经济协调发展,也将对完善陕西省"米"字形高铁交通圈,加快构建"一带一路"交通网发挥重要作用。

6.2.7 建设智慧旅游体系

以智慧城市为支撑,与山西等周边区域合作,创建区域文化旅游创新示范区。借助物联网、互联网和虚拟现实等技术,通过软件系统的应用和数字化网络的部署,建立便捷的旅游信息传播网络和高效的景区管理运营体系,实现旅游景区经营资源和服务设施统一运行。打造智慧管理体系,重点建设景区资源管理系统、景区办公自动化、景区财务管理系统、指挥调度中心。建设智慧服务体系,重点打造景区电子门票系统、景区监控管理系统、景区电子导览自助系统、景区电子巡更系统、景区语音广播系统。搭建智慧营销体系,重点建设景区电子商务平台(包括景区门户网站)、LED 电子显示屏户外广告。建设景区的智慧体验体系,重点建设景区游客互动体验、景区移动手机语音等配套设施。构建景区智慧环境体系,实现公用电话网络、无线宽带网络、通信技术网络和物联感知识别网络的覆盖。

为迎合散客对于旅游信息需求的便捷性、即时性和准确性要求,可发展

智慧旅游公共信息服务体系,建设智慧旅游公共数据服务中心。一方面,需要整合旅游城市的旅游数据资源,规范旅游信息数据库;另一方面,需要将游客服务相关信息与城市运行信息无缝对接,为游客提供准确、及时的旅游信息服务。

1.智慧旅游公共交通服务体系

智慧旅游公共交通服务体系基本分为两大类:面向自驾游客和团队游客的智慧旅游公共交通服务体系、面向其他散客的智慧旅游公共交通服务体系。

自驾游客和团队游客关注的重点是目的地交通标识、导航与停车条件。在软件方面,智慧旅游公共交通服务体系将旅游交通信息融合在地理坐标中,建设旅游交通三维地理信息系统;在硬件方面,要求旅游公共交通标识与导航服务、停车服务齐全,实现自驾车无障碍旅游。面向其他散客的公共交通服务体系,一般都需要借助旅游目的地之间和内部的交通工具,对于旅游换乘体系和旅游交通标识服务体系需求强烈。要全面推进旅游公共交通基础设施建设,完善智慧旅游交通换乘体系,努力为散客提供"零换乘"的旅游线路服务。

2.智慧旅游公共安全服务体系

智慧旅游公共安全服务体系主要是指对旅游公共安全信息的监测、搜集、分析和发布,对涉及旅游公共安全的信息及时进行披露。采取系统的自动监测和志愿者人工监测相结合的方式,将各种信息沟通渠道(网站、数字电视、广播、手机、电子显示屏等)整合起来实现同步多种语言发布旅游公共安全信息。智慧旅游公共安全应急救援服务体系是当发生旅游事故时,以地理信息系统(GIS)平台为基础,利用现代通信和呼叫系统,实现旅游事故的 24 小时受理;根据旅游公共突发事件处理预案,调度和协调旅游相关部门处置并进行处理督办,确保旅游安全救援的时效性。

3.智慧旅游公共环境服务体系

自然环境方面,打造绿色旅游发展模式,实现旅游发展与低碳经济的双赢。倡导低碳旅游,在保护环境的前提下,利用新一代信息技术,在信息全面感知和互联的基础上,实现人与自然之间的智能自感知、自适应、自优化,为旅游者提供一个绿色的旅游环境。社会环境方面,针对游客对于旅游文化内涵和科教价值的需求越来越强烈的趋势,智慧旅游公共环境服务体系从文化(旅游目的地文化开发与保护)、民生(旅游公益服务)、科教(旅游公共教育)、城市管理(旅游制度与行业秩序)等多种城市需求做出智能的响应,形成具备可持续内生动力的安全、便捷、高效、绿色的城市旅游公共服务机制。

4. 开展智慧旅游活动

(1)开展红色主题活动,增强景区知名度。

充分挖掘韩城红色旅游资源,特别是发挥好八路军东渡黄河出师抗日纪念基地、范家庄党支部等红色基地的教育引领功能,通过开展多元化红色主题活动,提高民众参与度,营造红色文化氛围。根据受游客欢迎的观看红色话剧、影视活动,听读红色故事活动等形式,提出以下三种红色主题活动建议。

第一,开展"互联网＋"游览体验活动。结合各景区自身特色,利用游客随身携带的智能装置,让游客可以一边游览,一边通过 App 参与景区互动。

第二,开展红色话剧、影视观看活动。红色景区定期搭建露天影院,游客可通过线上 App 或活动宣传预约观看名额。红色话剧、影视应结合景区红色文化背景,选取合适的题材,体现韩城特色。

第三,开展听读红色故事活动。通过与学校、事业单位合作开展,为景区培训专业的故事讲解人,将红色故事带入景区,让红色景区成为课堂。景区定期设立读书活动,为游客提供书籍,可以设立相应奖励机制鼓励游客参与。

(2)充分发挥互联网手段,提高宣传力度和游客体验度。

第一,拓展互联网社交新媒体宣传渠道。挖掘短视频宣传方式,根据调查显示,57％的游客热衷于短视频宣传方式,主要原因是短视频制作成本低、传播速度快、覆盖面广。

第二,加大在韩城市内的宣传,制作红色旅游宣传片,通过网络、公交车、出租车、室外广告牌等加强宣传,让韩城红色文化深入人心。

第三,借助互联网增加游客的体验感。增加投入,为景区加入智慧讲解,设计智能听筒,让游客可以随时随地听取革命事迹、英雄故事;借助微信二维码、蓝牙等功能,通过手机为游客提供门票预订、交通酒店预订、线上浏览景区等服务;提供与游客互动的平台,游客既可以在手机上参加各种景区活动,也可以在离开景区后,对景区的服务进行评价打分。

(3)借助大众创造力丰富韩城红色旅游纪念品。

红色旅游纪念品是红色文化的传承载体,红色文化性是其最基本且首要的特点。要增加投入,邀请游客或者专业设计团队,打造一批既符合游客需求,又极具韩城红色旅游特色的纪念品;注重发挥互联网对红色旅游纪念品的销售优势,把实体店和网点售卖相结合。

6.2.8　推进全域旅游发展

登韩城香山,红叶烂漫,满眼斑斓;去国家文史园,舟行碧波上,人在画中行——韩城正建设成关中水乡、宜居韩城。

1.统筹推进,步入"快车道"

韩城在过去的城镇化中,靠的是工矿企业发展推动,而现在城镇化中,靠的则是全域旅游推动,以人文主义情感、家乡的温馨,使拆迁市民可以望得见山、看得见水、牢记住乡愁,过上既不离乡、也不离土的新生活。为协调地促进我国全域旅游开拓工作,韩城已挂上了高速挡。

近年来,韩城市政府将旅游发展战略当作转变发展的重要突破口和切入点,积极确立城市全域旅游发展理念,加速打造中国国际旅游业改革创新先行区,在努力打造"史记韩城·风追司马"品牌的过程中,找到了提质增效保发展、转型提升不失速的新路子。

2.加大投入,建设"会客厅"

从景点到全域,韩城遵循以服务业作基础,推进落实促进文化旅游发展多个关键性措施,成功引进了陕文投等大型集团。全面建设司马迁祠、党家村、明清古镇、梁带寨旧址、普照寺、大禹庙等精品景区群体,重点建设濂水河、猴山等全新的文化旅游产品群,并将精品景点建设成为推动全域义化旅游核心竞争力整体升级的有力引擎。

3.旅游融合,打造"新高地"

韩城在着力建设精品景点、打造全新旅游产业的同时,还加快健全旅游管理体系,充分发挥"旅游+"效应,推动旅游业与各产业、各行业的深度融合,大幅提升旅游配套的服务功能,不断满足游客新需求。

此外,韩城还扎扎实实开展了"旅游+"新兴业务、"旅游+"厕所革命等发展策略。

(1)深挖历史,打造人文旅游新理念。韩城为创新发展理念、丰富游客感受,挖掘中国历史文化、活化中国史学典故。由全陕西班底历经八年制作的秦腔历史剧《司马迁》,被评论为陕西"秦腔戏台上又诞生了一台叫得响的好戏"，成为把现代戏剧舞台文艺和中国历史传统文化结合的双赢产物。这部历史剧以现代戏曲形态完整诠释了司马迁传奇的人生故事。"史记韩城"的都市文化旅游符号深入人心。

（2）演绎故事，打响史圣故里新名片。近年来，韩城在儿童剧、民俗剧、历史剧和实景剧等文化艺术展演创新方面多有成就，许多优秀艺术作品被不断推出。

"祖籍陕西韩城县，杏花村中有家园"，一曲曲原汁原味的优秀唱腔，把游客带到司马迁故里积淀厚重的人文氛围当中。对于文化产业，韩城着眼于追求跨越，积极推动国家全域文化旅游示范城市建设，做大做强韩城特色的民俗文化旅游，塑造了特色的民俗文化品牌，制作了大型现代民俗舞台实景连续剧《韩城人》。该剧以韩城人最典型的一日三餐和饭后休闲娱乐生活为主线，讲述了热忱好客的韩城人和宜居宜游的韩城。

（3）融入艺术，呈现匠心之城的硬科技。

黄河魂灯光水景音乐秀在韩城国家文史公园司马湖湖心精彩亮相，利用裸眼 3D 投影、激光、声电、焰火、舞美等特效科技和各种艺术投射介质，结合绚丽多姿的喷泉水景效果，在音乐秀主题曲《心往韩城》的旋律下，把韩城生动的古代神话故事、壮美的生态景观等，在水幕上精彩展现，营造出了如梦似幻的视觉图像画面和惊艳夺目的演艺效果。目前，黄河魂灯光水景音乐秀包括大禹治水、飞越龙门、溥彼韩城、秦晋之好、辉煌史记、守卫黄河、还看今朝七个章节，广受好评。

6.2.9　打造创新型文化产业圈

以文促旅，将底蕴融于文化旅游产品，提高景区的吸引力；将传统文化塑造成品牌，提高文化旅游产品的市场占有率；将传统民俗文化及演艺活动融于旅游观光活动，增加游客的体验感受。同时以旅彰文，通过传统文化旅游观光活动促进产业发展。

韩城致力于激发文化活力，引领产业创新，创建以文化旅游为核心，以影视制作、民俗文化、演艺娱乐等为支撑的生产服务型文化产业圈；创建以数字内容、设计制作为未来发展方向的创新型文化产业圈；打造精品黄河民俗文化产业园，加快柳村古寨文化产业园建设，积极筹划建设韩城传媒大厦；加速科技与文化融合，加大文化产品经费投入力度。

6.2.10　构建文化深度融合产业链

推动民俗、节庆活动、宗教文化、生态农业、生态林业、保健养老、休闲度假等产业深度融合发展;建立"旅游观光—文化体验—休闲度假—区域综合产业集聚"的长线运营模式;优化产业集群结构,打造龙头文化产业集团,延伸文化产业链,鼓励文化产业链上下游企业进驻。发展过程中要充分发挥好文化产业的集聚效应和规模效应,建立产业集聚区。

通过融合产业链的方式,形成观光旅游文化生产链,主要通过以下三方面进行:第一,注重文化旅游新产品研发。第二,将文化产品的生产逐渐转变为观光旅游文化产品的生产。第三,拓宽销售核心模式。在此基础上,进一步将这种旅游产业与文化产业的初级模式转变为高级模式。旅游主导的融合模式路径见图 6.13。

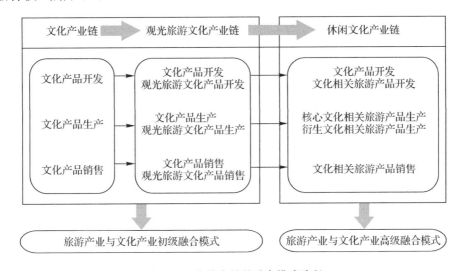

图 6.13　旅游主导的融合模式路径

1. 建立文化旅游产业园区

建立文化旅游相关产业集群化发展新模式。产业集群能使特定地理范围内的多个产业互相融合、连接,形成共生体,构成这一区域的特色竞争优势(见图 6.14)。文化旅游产业集群的构建也可以进一步提高提升区域的竞争力,拓展市场弹性空间,吸引相关配套资本,很好地助力经济发展。

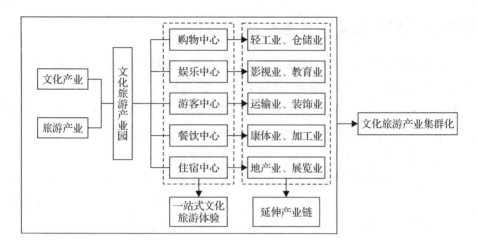

图 6.14　文化旅游产业集群化发展模式

2.保护文化遗产与建设旅游品牌

在企业的发展中,品牌效应起到了显著的促进作用,这种综合效应也会进一步带动产业发展。处在互联网迅猛发展的时代背景下,在宣传策划上要借助多种互联网平台为旅游产业和文化产业的融合提供契机,提高消费者对韩城旅游和文化的了解认知。

韩城具有丰富的物产和非物质文化遗产资源,此外具有较为良好的经济基础。韩城可利用自身丰富的资源,打造地区独特的旅游、文化产业,抢占旅游、文化市场。例如,为了增加影响力,需要着力营造一个良好的区域环境,可通过网络宣传,拍摄纪录短片、广告等方式介绍韩城的方方面面。

3.积极推进企业间合作和产品创新

地区的文化产业和旅游产业的融合发展程度由企业的发展水平决定。在此过程中,企业除提高经营水平之外,还需要提升硬实力,需要做到以下三点:可以通过经营策略的改进、品牌的建设和维护来提高业务水平;通过完善管理模式,提高人力资源部门的专业水平来提升和改进管理效率;对于创新能力,首先要了解市场需求,对自身有一个客观的认识,从而选择正确的创新方向,这将大大提高经营水准和管理效率。

4.用文旅产品打造流行时尚的 IP 模式

要想在文化的激烈交流和碰撞中展现独有的文化价值,就必须拥有特色。文化旅游产业融合发展带来了新的发展机遇和产业模式,其中,可运用地区文化旅游元素打造流行 IP 的商业模式。利用地区独特的文化旅游元素开发出具有特色的 IP 产品,既有利于文化旅游品牌的营销,也拓宽了文化旅游内容的传播渠道。可通过以下两种方式打造流行 IP:一是"IP＋衍生品"的商业模式。例如,故宫文创和敦煌文创产品,融历史与现代、文化与科技、传统与创新为一体,让文化生动有趣起来,不断创新,与时代审美结合,让文物彻彻底底"活了起来"。这样的商业模式恰到好处地切合了人们对传统文化的喜爱与期待,为游客架起一座沟通、体验、了解文化的桥梁。二是"IP＋互联网"的传播模式。当下的全民旅游时代中,旅游 IP 掀起了社会热潮,IP 的"爆点"是打造孵化过程中重要的环节,超级 IP 已然是强有力的竞争点,地区可借助某些特色来引发关注,可以是主题活动、故事或者形象等,也可以是它们的叠加效果。

6.2.11　增强文化品牌的内涵和价值

实现"资源—品牌—产业—资源—品牌再提升"循环,把司马迁祠、党家村等文化资源优势转化为文化产业竞争优势,打造国内知名的文化品牌。大力开发黄河行鼓、韩城秧歌等品牌项目。通过政企结合、企业化运作的模式发展文化产业。

1.文化精神价值与品牌价值的统一

(1)以文化品牌为核心的城市品牌价值升级。品牌的核心价值是品牌形象最高层次的体现,它在精神层面反映了品牌的思想观念和价值,是品牌重要的无形资产。需要对城市品牌价值进行提炼和塑造,即提炼能够代表城市的文化精神。城市文化精神在提炼之后经过有效传播,可形成独特的城市品牌形象,最终目标是将城市的文化精神准确传播给受众,使其产生品牌认知和记忆。

(2)深度提炼品牌核心价值。品牌核心价值是指凝结在品牌深处的品牌精神文化品质,是一切品牌开展营销活动的核心点。品牌核心价值能赋予消费者独特的身份和意义,引发共鸣和内在情感联结,并帮助他们完成对自我的价值认同。城市品牌的核心价值,就是城市在发展过程中形成的城市特有精神。拥有核心价值和物质价值的城市在与受众进行持续性的精神层面的沟通和交流时,可为受众提供不同的感受和心灵体验。

(3)建立参与互动式城市品牌文化。参与互动式城市品牌文化充分尊重城市创意主体的主动性，在城市品牌建设过程中激发市民的参与热情。在品牌传播过程中，城市受众不仅是被动的信息接收者，还是城市传播活动的积极推动者。特别是在移动互联网快速发展的今天，要推动全民参与城市建设，调动市民积极性。市民通过社会实践来诠释城市的核心价值。市民在与城市的交流过程中，与其他消费者会形成共同的话题和价值观。

2.推动城市文化品牌整合传播

要实现城市品牌价值的提升，就必须制定科学的传播规划，通过合理、高效的传播手段，向城市的目标受众有效地传递品牌内容。随着移动互联网的发展，新兴技术赋予城市品牌新的发展空间，为城市品牌传播提供了良好的条件。我们需要运用整合思维来推进韩城城市品牌的传播。

（1）主体整合："官民"联动多元传播。城市品牌形象的传播者目前在我国多以政府为主，其传播的是城市品牌形象的官方信息，来自企业或居民自发传播的内容有限。城市的官方形象多数较为严肃化，并且在现代互联网背景下，过多依赖政府作为传播主体的城市品牌传播已不适应新媒体时代的传播要求。过去被动接受信息的受众逐渐转变为信息的创造者和发布者，他们不再局限于单一性地接收信息。因此，城市品牌传播方式也应该顺应时代的发展，从单一性的官方型传播转变为企业、政府、民众等为发布者的多元化传播。在传播中，要充分发挥官方政府的优势，利用其强大的影响力和众多信息渠道来整合多方传统媒体与新兴媒体资源。还要积极运用互联网手段，为韩城城市品牌形象传播做好数据和技术平台支持。

（2）内容整合：价值沟通深度传播。在城市宣传中，多样化的内容更能吸引受众。新媒体技术的发展为城市品牌传播提供了更多的选择。然而，优秀的内容仍然是新媒体时代城市品牌的核心竞争力，内容是受众关注的焦点，是支撑一个城市持续发展的动力之一。

同样，在传播城市文化的过程中，需要坚持多元化，从多方面探索城市文化内容。从古建筑到饮食文化，从民间工艺到戏曲艺术，从历史文化到现代文化，全方位讲述城市故事，加深受众对城市文化的认知和认同。

整合的核心理念是"统一"，即品牌信息与策略的一致性。内容整合也要在内容多元化的基础上统一概念。不同的文化内容可以反映不同的城市特色，但城市输出的核心主题形象只有一个。如果主题分散，则无法有效整合城市资源。基于品牌核心价值的传播可以升华内容，实现对受众的价值传播，增强城市文化品牌的吸引力。

（3）形式整合：价值共创软性传播。创新和优化城市品牌的传播形式是十分必要的。文化传播采用"软性传播"的方式，可以实现品牌信息在潜移默化中传递。例如，可以讲城市故事、城市特色事件。软性传播不同于硬性传播，它的传播形式丰富多彩，信息的呈现方式更加多元化和娱乐化，不限于单一的信息展现，运用了更多的传播技巧。"讲故事"的软性传播，把城市品牌形象更深度地融入人们的日常生活中，在受众中无形地传递着，最终与受众者产生价值共鸣。这样的传播方式可以从事件传播和娱乐传播两方面进行。

在娱乐传播方面，可以实时结合 AR、VR 等技术，与城市品牌文化相结合，积极创造多种活动形式，吸引年轻受众群体进行沉浸式文化体验。及时更新传播形式与传播手段，受众会产生新鲜感和体验感，特别是在现今短视频、直播平台快速发展的趋势下，利用互联网平台提供的大数据和先进的技术更加有利于内容的传播。例如，抖音联合全国 30 多个城市推出的"抖 in city，美好城市生活节"，以各个城市的特色为主线，以抖音的潮流来传播城市符号，创新城市品牌推广方式，更好地展现城市魅力。

在事件传播方面，大力开发黄河行鼓、韩城秧歌等地方民俗文化，积极举办多元化的文化性交流活动。城市文化品牌传播还可以通过"文化＋体育""文化＋展览"等方式进行。举办文化交流活动，植入城市品牌进行宣传，形成城市特色品牌形象，如青岛啤酒节、哈尔滨冰雪节等都成为城市品牌宣传的有效手段。

6.2.12　攻坚"三带"，促进转型

以黄河及沿黄旅游专线、108 国道、西部连绵不断的山脉为依托，以黄河风情、历史文化、生态休闲为三大特色主题，发挥韩城全域旅游资源。为了提升韩城的影响力，需要全面促进秦晋豫黄河三角区域联动发展。

"三带"是指自西向东的三大旅游产业带，分别为自然生态风光带、历史文化体验带和黄河文化风情带。自然生态风光带，以韩城西部板桥镇区域内的山脉为依托，主要包括崛山、香山、猴山、牡丹山、大岭等，以生态旅游与高端休闲度假为发展理念，融入生态度假、户外运动、康体娱乐、休闲疗养等元素，全面盘活山水生态与山地森林旅游资源，重点发展生态文化旅游。历史文化体验带，以 108 国道为轴线，充分整合沿线古祠、古墓、古城、古村、古寺等特色历史人文资源，由南向北依次串联司马迁祠、韩城古城、党家村、法

王庙、普照寺、黄河龙门等核心文化景区，激活厚重的历史文化、民俗风情，重点发展历史文化体验游和民俗文化体验游。黄河文化风情带，以黄河沿岸自然、人文、乡村风景和便捷交通条件（沿黄旅游专线）为基础，以黄河文化为核心依托，融入民俗、休闲、娱乐、运动等文化因子，充实黄河文化风情，使人文景观与自然景观得到协调开发，重点发展黄河文化风情体验游。

1. 旅游资源分类

韩城旅游资源的单体包括三个层次，一层为主类，二层为亚类，三层为基本类型。

地文景观、水域风光、生物景观、遗址遗迹、建筑与设施、旅游商品、人文活动为一层的 7 个主要类型，二层有 25 个亚类，三层有 58 个基本类型（见表 6.4）。

表 6.4　韩城旅游资源分类表

主类	亚类	基本类型	单体名称
A 地文景观	AA 综合自然旅游地	AAA 山丘型旅游地 AAD 滩地形旅游地 AAF 自然标志地	AAA:香山红叶、猴山生态景区、象山森林公园 AAD:南潘庄黄河湿地 AAF:禹门口
	AB 沉积与构造	ABB 褶曲景观	ABB:禹门口地质观光区
	AC 地质地貌过程形迹	ACG 峡谷段落	ACG:龙门石门大峡谷
B 水域风光	BA 河段	BAA 观光游憩河段	BAA:黄河龙门河段、凿开河
	BB 天然湖泊与池沼	BBB 沼泽与湿地	BBB:黄河自然湿地、澽水湿地
	BC 瀑布	BCA 悬瀑	BCA:牛心瀑布
	BD 泉	BDB 地热与温泉	BDB:清水温泉
C 生物景观	CA 树木	CAC 独树	CAC:潭马村古白杨树
	CB 草原与草地	CBA 草地	CBA:黄河大草原
	CC 花卉地	CCB 林间花卉地	CCB:范村绿植花卉
	CD 野生动物栖息地	CDC 鸟类栖息地	CDC:黄龙山褐马鸡
E 遗址遗迹	EA 史前人类活动场地	EEA 人类活动遗址	EEA:庙后新石器遗迹、史带村至暂村新石器遗迹、禹门洞穴旧石器遗迹
	EB 社会经济文化活动遗址遗迹	EBA 历史事件产生地 EBB 军事遗址与古战场 EBC 废弃寺庙 EBD 废弃生产地 EBF 废城与聚落遗迹 EBG 长城遗址	EBA:八路军东渡黄河抗日纪念地、西藩地村革命旧址 EBB:高龙山宋辽战场遗址 EBC:挟荔宫遗址、龙门大禹庙遗址、魏山后土庙遗址 EBD:芝川汉冶铁遗址 EBG:魏长城遗址 EBF:梁代村遗址、春秋梁国都城少梁城遗址、韩侯城遗址

主类	亚类	基本类型	单体名称
F 建筑与设施	FA 综合人文旅游地	FAA 教学科研实验场所 FAB 康体游乐休闲度假地 FAC 宗教与祭祀活动场地 FAD 园林游憩区域 FAE 文化活动场所 FAH 动物与植物展示地	FAA：韩城文庙 FAB：欣源国际酒店、文渊阁、神道岭游乐中心、柏峪民俗风景区、坤元旅游区 FAC：天主教堂、观音庙、基督教堂、玉皇后土庙、法王庙、石佛寺、大禹庙、柳枝关帝庙、弥陀寺、东营庙、城隍庙、庆善寺、普照寺、九郎庙、北营庙、东营庙 FAD：金塔公园、南湖公园、文史公园、桢州公园、留芳公园 FAE：黄河音乐谷、黄河跑马场 FAH：华昱主题公园、黄河养殖园
	FB 单体活动场馆	FBB 祭拜场馆 FBC 展示演示场馆 FBE 歌舞游乐场馆	FBB：韩城高家祠堂、吕祖坛 FBC：韩城规划展览馆、梁代村芮国遗址博物馆、司马迁展览馆 FBE：薛曲动漫水上乐园、晋公山滑雪场
	FC 景观建筑与附属型建筑	FCB 塔形建筑物 FCD 石窟 FCF 城（堡） FCH 碑碣（林） FCI 广场 FCK 建筑小品	FCB：陵园金塔 FCD：龙凤山千佛洞、巍山七佛洞 FCF：南门城楼 FCH：西藩地革命纪念碑、八路军东渡黄河抗日纪念碑 FCI：司马迁广场 FCK：文史公园雕塑群
	FD 居住地与社区	FDA 传统与乡土建筑 FDB 特色街巷 FDC 特色社区 FDD 名人故居与历史纪念建筑 FDE 书院 FDG 特色店铺 FDH 特色市场	FDA：党家村古民居连片建筑、韩城古城区民居连片建筑、解家民居、苏家民居、郭家民居 FDB：隍庙巷、古城饮食街、学巷 FDC：观河镇、柳枝村、王峰古寨、泌阳堡、留芳村寨、解老寨、芝川古镇、富村寨 FDD：吉灿升故居、师哲故居、杜鹏程故居 FDE：龙门书院 FDG：永丰昌（酱园） FDH：韩城夜市
	FE 归葬地	FEA 陵区陵园 FEB 墓（群）	FEA：烈士陵园 FEB：司马迁祠、三义墓、赵廉坟、苏山苏武墓、梁代村军墓、张士佩墓
	FF 交通建筑	FFA 桥 FFC 港口渡口与码头	FFA：王峰桥、毓秀桥、芝川高速大桥、龙门铁索桥 FFC：龙门古渡口、芝川古渡口
	FG 水工建筑	FGA 水库观光游憩区段	FGA：薛峰水库

续表

主类	亚类	基本类型	单体名称
G 旅游商品	GA 地方旅游产品	GAA 菜品饮食 GAB 农林畜产品与制品 GAC 水产品与制品 GAE 传统手工产品与工艺品	GAA:菜品:芝麻烧饼、韩城馄饨、面花、石子馍、花椒、芽菜;果蔬:青皮核桃、红富士;饮品:花椒酸奶; GAB:大红袍花椒 GAE:黄河鲤鱼 GAE:手工织布、手工布鞋、鞋垫
H 人文活动	HA 人事记录	HAA 人物	HAA:司马迁
	HB 艺术	HBA 文艺团体	HBA:韩城行鼓
	HC 民间习俗	HCA 地方风俗与民间礼仪 HCC 民间演艺 HCF 庙会与民间集会 HCG 饮食习俗	HCA:韩城方言、司马迁民间祭祀 HCC:韩城秧歌、韩城围鼓、"谏公"鼓吹乐 HCF:法王庙会、大禹庙会 HCG:韩城馄饨
	HD 现代节庆	HDA 旅游节	HDA:史记韩城·风追司马

旅游资源分类结果表明,韩城市游览资源主类占国家标准旅游资源分类的7个主类。国家标准中共有31个亚类,韩城市旅游资源单体分类结果占25个亚类,体现了韩城市旅游资源的多样性。建筑与设施的单项资源数量最多,占旅游资源总量的约47%,其次是遗址遗迹,占总量约的13%。地文景观、水域风光和生物景观三大类占总量的约22%。

2.效应模型构建

(1)产业融合。产业融合不仅开拓了新市场,增加了经济效益,而且促进了新的产业形态的崛起,有利于产业转型升级。对文化价值的挖掘提高了旅游业的水平和质量;同时,它还发挥着一定的社会功能,如满足人们的休闲需求,提高人们的生活质量;最重要的是,丰富了文化形式和内容,创新了文化传播方式。

(2)旅游可持续。要本着可持续发展的理念,开发具有特色的非物质文化遗产旅游产品和路线,注意保护其原有资源和生存环境。因此,在可持续发展理论下的旅游整合,需要充分发挥物质资源的经济、社会、文化价值和作用。

3.人文旅游

(1)城隍庙。城隍庙坐落于古城东北角,占地达 15500 平方米,是韩城保存下来规模最大的一座明代木构建筑。城隍庙在明隆庆五年(1571 年)第一次建立,在明万历五年(1577 年)进行第一次扩充,后又历经多次重修。城隍庙坐北朝南,往下俯瞰,整个平面是以"十"字形表现,将庙宇整体分为四道院,南北中轴线排列将近 10 座殿堂,包括山门、政教坊、威明门、广荐殿、德馨殿、灵佑殿、含光殿等。建筑构架采用彻上明造,梁架仍保留有叉手,前后檐多用"大额",山面用阑额和普拍枋,形态古典,反映了明初朝代的典型建筑特色(见图 6.15)。在农历八月二十日这一天会举行热闹的庙会。

(2)司马迁祠。司马迁祠又名司马庙,它位于韩城市以南约 9 公里处的韩城坡崖上,建立于西晋。从山坡到山顶向上望去,司马庙背后靠着悬崖;站在坡顶向下望去,可以俯瞰波涛汹涌的黄河,往西面和南面望去是凉山和魏长城遗址,北面则是芝川河。司马迁祠四面环山,包罗万象的景致与司马迁的伟大成就和高尚品质融为一体。1982 年 2 月司马迁祠被列入国家重点文物保护单位(见图 6.16)。

(3)沿黄观光路。沿黄观光路是我国一条名副其实的"高颜值"公路。沿着黄河的西面,将陕西 4 个地市、12 个县域以 800 多公里的公路串联起来,沿路景点更是达到了 50 多个。韩城段的沿黄观光路总长度达 70 余公里,犹如黄丝带将司马迁祠、古城、党家村等景色连接在一起,成为韩城一道独一无二的风景线。路段上还建有观光台,视野开阔,黄河美景尽收眼底(见图 6.17)。

图 6.15　城隍庙　　　　　图 6.16　司马迁祠　　　　图 6.17　沿黄观光路

4.空间分析

韩城旅游资源空间分布特征主要表现在以下方面。

(1)通过对韩城旅游资源在地理位置上分布的分析,可以看出韩城旅游资源在地理空间上整体表现出分布不均衡的特征,旅游资源空间分布范围广。

(2)均衡度分析成果显示,韩城的各乡镇旅游资源分布不均匀,仅芝川镇、新城办、金城办、昝村镇的旅游资源就占据韩城旅游资源总量的一半以上,反映了韩城旅游资源在这些区域分布的集聚性。

(3)对韩城市旅游资源进行空间分析后,结果显示韩城旅游资源在北部山区较为分散,而在东部地区则表现出连片的状态,这样对于旅游资源的群集发展更加有益,对连片旅游资源可以有秩序地进行开发,避免相似旅游资源之间的竞争。

5.转型代表作

在基于文化旅游发展机遇方面,韩城总体上确立了以旅游产业加速城市发展方向转变的战略。

历史悠久、深具文化底蕴的司马迁祠,是韩城文化旅游的标杆,包含祭祀、休闲、观光等项目。

韩城非物质文化遗产如行鼓等的演示展出,显现出当地人民的智慧与文化特色,可以使参观者身临其境,充分体验到韩城的地方文化和当地人民的热情好客。

6.自然生态游

韩城提出"旅游即生活,城市即景区"的理念,打造宜居、宜游、宜业的乡土新风貌,并打造"四时常青,三季有花"的城市生态景观,有力提升了韩城绿化品质。

依托黄河,打造旅游产品推广主线,以黄河旅游带和龙门旅游点为依托,再现"黄河之水天上来"的风情;并以湿地公园为侧重点,打造黄河文化旅游休闲带,开发黄河沿线旅游产品。

参考文献

[1]李晓江.关于"城市空间发展战略研究"的思考[J].城市规划,2003(2):28-34.

[2]李建松.论地理国情监测知识服务[J].地理空间信息,2018(7):1-4.

[3]张樨樨.我国城市化水平综合评价指标体系研究[J].中国海洋大学学报(社会科学版),2010(1):60-64.

[4]程必定.中国区域空间结构的三次转型与重构[J].区域经济评论,2015(1):34-41.

[5]林先扬.大珠江三角洲城市群经济空间拓展的战略抉择[J].现代城市研究,2005,20(10):68-72.

[6]范颖,齐欣.重点生态功能区新型城镇化发展路径选择[J].合作经济与科技,2015(24):19-21.

[7]涂明广.丝绸之路经济带建设中的中国西北地区产业承接问题研究[D].兰州:兰州大学,2015.

[8]朱智文,杨洁.共建丝绸之路经济带与西北地区向西开放战略选择[J].甘肃社会科学,2015(5):193-197.

[9]富雁鹏.试论城市发展战略规划编制的理论与方法[D].长春:东北师范大学,2004.

[10]胡京京.我国四个大城市空间发展战略规划的初步研究[D].上海:同济大学,2005.

[11]朱红波.现阶段概念规划的实践研究与方法探索[D].杭州:浙江大学,2003.

[12]崔功豪.城市问题就是区域问题:中国城市规划区域观的确立和发展[J].城市规划学刊,2010(1):24-28.

[13]仇保兴.面对全球化的我国城市发展战略[J].城市规划,2003,27(12):5-12.

[14]任勇.城镇化与城市治理变革:分权化和全球化的视角[J].兰州学刊,2014(2):141-148.

[15]盛广耀.城市治理研究评述[J].城市问题,2012(10):81-86.

[16]王向东,刘卫东.中国空间规划体系:现状、问题与重构[J].经济地理,

2012(5):9-15.

[17]王兴平.面向社会发展的城乡规划:规划转型的方向[J].城市规划,2015,39(1):16-21.

[18]唐亚林.当代中国大都市治理的范式建构及其转型方略[J].行政论坛,2016,23(4):29.

[19]黄金川,黄武强,张煜.中国地级以上城市基础设施评价研究[J].经济地理,2011(1):47-54.

[20]陈鸿宇.空间视角下的产业结构优化机制:粤港区域产业战略性调整优化研究[M].广州:广东人民出版社,2008.

[21]王磊,马赤宇,胡继元.战略规划的认识与思考:基于不同发展形势下的战略规划取向[J].城市发展研究,2011(6):7-12.

[22]闫超栋,马静.中国信息化发展的地区差距及其动态演进[J].软科学,2017,31(7):44-49.

[23]杨保军,陈鹏,董珂,等.生态文明背景下的国土空间规划体系构建[J].城市规划学刊,2019(4):16-23.

[24]罗彦,蒋国翔,邱凯付.机构改革背景下我国空间规划的改革趋势与行业应对[J].规划师,2019,35(1):11-18.

[25]刘洁敏,蔡高明.前沿经济地理学理论与方法对我国空间规划体系重构的技术支撑作用探析[J].城市发展研究,2020,27(1):26-33,43.

第7章

结 语

在漫长的人类文明发展过程中,人类在生产生活中创造了丰富的民间文化,其中很多民间文化成为文化遗产。这些文化遗产包括直观的物质文化遗产和抽象的非物质文化遗产。非物质文化遗产源于民间,是人类智慧的结晶,体现着一个时期、一个地域的历史和文化,折射出人类发展的点点滴滴,是前人生活的精神寄托,是后人认识历史、了解历史的胶片。传统建筑是非物质文化遗产生存和发展的载体,脱离了这些物质空间,非物质文化遗产就像离开水的鱼;保护传统建筑的同时,也要保护蕴藏其中的非物质文化遗产,这样才能使得传统建筑更有生机和活力。因此,处理好非物质文化遗产和传统建筑的关系,对于保护和利用非物质文化遗产有着重大的意义。

经过对国内外相关理论的学习和对韩城古城传统建筑和非物质文化遗产的实地调研,笔者以文字资料、照片资料以及大量的绘图进行分析和归纳,提出保护传统建筑和非物质文化遗产的一些方法和建议,同时也发现现阶段保护的不足之处。在调查研究过程中,可以发现目前非物质文化遗产保护中存在的普遍问题:一些地方重视对非物质文化遗产的保护,而忽视对其赖以生存的传统建筑的保护;另一些地方在保护传统建筑的过程中,只保护了建筑这个"硬件",而忽视了给其发展活力的非物质文化遗产这个"软件"。通过对韩城非物质文化遗产和传统建筑的调查研究发现,传统建筑和非物质文化遗产有着密切的关系,处理好它们之间的关系,可以促使它们融合促进、共同发展。